円偏波アンテナの基礎

博士（工学） 福迫 武 著

コロナ社

ま　え　が　き

　電波の電界が一定の形を波面内に描きながら振動する性質は偏波と呼ばれる。最も効率よい電波の送受信のためには，伝搬方向を法線とする波面内におけるアンテナの角度で，特に送受信アンテナそれぞれの電界が最も大きく振動する向きが一致する角度，すなわち偏波の向きに相当する角度（アライメント角と呼ばれる）が一致するように送受信アンテナの角度を選ぶことが求められる。電界が描く偏波の形状が直線状であれば直線偏波と呼ばれるが，その一方で電界が円形を描くように回転しながら伝搬する偏波は円偏波と呼ばれ，応用上の利点が二つ知られている。一つ目は電界成分が回転しながら伝搬する振舞いにより，波面内の送受信アンテナにおけるアライメント角が自由に選べることである。二つ目は入射角がブリュースター角内であれば反射後の電界の旋回方向が逆転し，交差偏波となる性質である。後者は，例えばマルチパスフェージング（多重波による干渉）の軽減につながる。

　円偏波の応用は多岐にわたるが，例えば移動体衛星通信や GPS (global positioning system)，RFID (radio frequency identifier)，レーダ，DBS (direct broadcasting satellite)，ETC (electronic toll collection) システム，および電波天文などが挙げられる。これらは前述の振舞いの恩恵を受けていると考えてよい。このような各種応用に向けた円偏波アンテナにはさまざまな要求事項が生じてくる。そのような背景の中，円偏波アンテナに関する研究論文や発表数は近年増加傾向にある一方で，円偏波アンテナに特化した国内向けの教科書は現時点で出版されていないようであるため，著者の浅学菲才を顧みずも本書を出版するに至った。本書が偏波という観点からアンテナを考えるよい機会となれば幸いである。本書では，まず最初にアンテナ全般の基本的事項や概念について 1 章にまとめた。2 章においては円偏波に関する基本的知識について述

べる。円偏波の発生のためにはアンテナ上の電流を制御することが必要であり，発生する電界が給電信号の位相の進行に伴って回転する機能をもたせることが必要である。これらの基本構造については3章で扱う。また，円偏波アンテナの広帯域化，小型化などの性能向上技術について4章で述べる。測定は円偏波アンテナの評価のために重要であり，円偏波の振舞いに特化したアンテナの評価方法や測定方法については5章で述べる。

　最後に，本書においては円偏波アンテナに関する基本技術や概念を主に扱ったが，これらの内容は電子情報通信学会アンテナ・伝播研究会主催のアンテナ・伝搬における設計・解析手法ワークショップ第56回の内容を基にしている。ワークショップの準備の際においては，高橋応明先生（千葉大学），新井宏之先生（横浜国立大学），北　直樹様（NTT）をはじめとする実行委員会メンバーからの多くの有意義なご指導ご鞭撻に基づいており深謝したい。また，本書の執筆に際して実行委員会のメンバーでもあり，日ごろより学会などで議論をさせていただいている西山英輔先生（佐賀大学）には通読と共に多くの指摘をしていただき，さらに著者と同じ研究グループの久世竜司先生（熊本大学）には細かい校正でお世話になり，両先生に対しても深く感謝したい。以上のようなサポートがあったにもかかわらず本書に不具合な点があれば，偏（ひとえ）に著者の能力不足や理解不足のためであろう。なにかお気づきの際には著者までご一報いただきたい。

　2018年8月

福迫　武

目　　　次

1.　アンテナの基礎

1.1　伝送線路理論 ……………………………………………………………　2

　1.1.1　分布定数線路モデル ………………………………………………　2

　1.1.2　入力インピーダンスとインピーダンス整合について …………　4

　1.1.3　短絡スタブと開放スタブ …………………………………………　5

1.2　マクスウェル方程式 ……………………………………………………　6

1.3　微小放射素子について …………………………………………………　7

　1.3.1　微小電気ダイポール ………………………………………………　8

　1.3.2　微小電流ループ ……………………………………………………　11

　1.3.3　微小電気ダイポールと微小電流ループ …………………………　12

1.4　ダイポールアンテナ ……………………………………………………　14

1.5　スロットアンテナ ………………………………………………………　16

1.6　導波管およびホーンアンテナについて ………………………………　17

　1.6.1　方形導波管について ………………………………………………　17

　1.6.2　ホーンアンテナについて …………………………………………　20

　1.6.3　円形導波管について ………………………………………………　20

1.7　マイクロストリップ線路とパッチアンテナ …………………………　21

1.8　アンテナの諸特性 ………………………………………………………　25

　1.8.1　入力インピーダンス ………………………………………………　25

　1.8.2　アンテナのもつ損失 ………………………………………………　28

　1.8.3　アンテナの利得 ……………………………………………………　31

iv　　目　　　　　次

1.9　フリスの公式 ……………………………………………… 33

引用・参考文献 ………………………………………………… 34

2.　円 偏 波 の 基 礎

2.1　平 面 波 と は …………………………………………… 35

2.2　偏　波　と　は …………………………………………… 36

2.3　円偏波の旋回方向 ………………………………………… 37

2.4　幾何学的パラメータによる楕円偏波の表現 ………………… 40

2.5　Jones ベクトルによる偏波の表現 ……………………… 41

　　2.5.1　Jones ベクトルについて ………………………… 41

　　2.5.2　円偏波を基底とした偏波の合成 …………………… 43

2.6　ストークスパラメータによる偏波の表現 ………………… 43

2.7　ポアンカレ球による偏波の表現 ………………………… 45

2.8　AR に つ い て ………………………………………… 47

　　2.8.1　軸比が電波の送受信に与える影響 ………………… 48

　　2.8.2　軸比と XPD について ………………………… 49

　　2.8.3　軸比と偏波損失について …………………………… 50

　　2.8.4　振幅比と位相差の変化が軸比に及ぼす影響 …………… 52

2.9　反射および透過による偏波の変化 ……………………… 53

　　2.9.1　定　　式　　化 ………………………………… 53

　　2.9.2　反射前後の円偏波の振舞いの変化 ………………… 57

　　2.9.3　透過前後の円偏波の振舞いの変化 ………………… 59

引用・参考文献 ………………………………………………… 61

3. 円偏波アンテナの基本的構成

3.1 ヘリカルアンテナ ··· *63*

   3.1.1 ノーマルモードヘリカルアンテナ ························· *64*

   3.1.2 軸モードヘリカルアンテナ ······························· *72*

3.2 スパイラルアンテナ ··· *81*

   3.2.1 自己補対構造 ··· *82*

   3.2.2 スパイラル曲線 ··· *83*

   3.2.3 スパイラル素子からの円偏波の放射 ····················· *86*

   3.2.4 アルキメデススパイラルアンテナの設計例 ··············· *89*

3.3 直 交 励 振 ··· *91*

   3.3.1 クロスダイポールによる円偏波の直交励振と給電回路 ······ *91*

   3.3.2 パッチアンテナによる円偏波の直交励振 ················· *95*

3.4 摂 動 励 振 ··· *98*

   3.4.1 クロスダイポールによる摂動励振 ······················· *99*

   3.4.2 パッチアンテナの摂動励振 ····························· *103*

3.5 偏波変換器による円偏波励振 ··································· *110*

3.6 シーケンシャルアレーによる円偏波の励振 ······················· *113*

   3.6.1 シーケンシャルアレー ··································· *113*

   3.6.2 円偏波アンテナの回転配置による AR 帯域の広帯域化 ······· *115*

3.7 マイクロストリップ線路アレーアンテナ ······················· *118*

引用・参考文献 ··· *122*

4. 円偏波アンテナの実際

4.1 4点給電法による円偏波の励振 ································· *126*

vi　目　　　　　　　次

4.1.1　2点給電法における交差偏波発生のメカニズムと4点給電法による対策 …………………………………………………… 127

4.1.2　4点給電法によるヘリカルアンテナ ………………………… 129

4.2　円偏波アンテナの広帯域化 ……………………………………… 133

4.2.1　パッチアンテナのインピーダンス帯域の広帯域化 ………… 134

4.2.2　AR の広帯域化 ……………………………………………… 136

4.2.3　4点給電法による円偏波パッチアンテナの広帯域化 ……… 138

4.2.4　広帯域導波管型円偏波アンテナ …………………………… 145

4.2.5　メタ表面による円偏波アンテナの広帯域化 ……………… 149

4.3　円偏波アンテナの小型化技術 …………………………………… 155

4.3.1　素子形状の工夫による小型化 ……………………………… 155

4.3.2　高誘電率材料の使用と負荷装荷による小型化 …………… 157

4.4　無指向性円偏波アンテナ ………………………………………… 159

引用・参考文献 ………………………………………………………… 162

5.　円偏波アンテナの測定

5.1　円偏波測定の基本 ………………………………………………… 169

5.2　偏　波　測　定　法 ………………………………………………… 172

5.3　放射パターンの測定 ……………………………………………… 172

5.3.1　主偏波と交差偏波の測定 …………………………………… 172

5.3.2　スピンリニア法 ……………………………………………… 174

5.4　偏波パターンの測定 ……………………………………………… 176

5.5　AR の　測　定 …………………………………………………… 177

5.5.1　スピンリニアパターン測定による AR 測定 ……………… 178

5.5.2　直線偏波アンテナを用いた AR 測定 …………………… 178

5.5.3　円偏波アンテナを用いた AR 測定とセンスの特定 ……… 180

目 次 *vii*

5.6 偏波状態の測定 …………………………………………………… *181*

    5.6.1 振幅と位相の測定による方法 ………………………… *181*

    5.6.2 振幅測定のみによる方法（6パラメータ法）………… *182*

5.7 円偏波アンテナの利得の単位と直交2偏波の電力合成 ………… *184*

    5.7.1 円偏波アンテナの利得の単位 ………………………… *184*

    5.7.2 直交2偏波の電力合成 ………………………………… *186*

    5.7.3 dBi と dBic の関係 …………………………………… *189*

5.8 円偏波アンテナの利得の測定 …………………………………… *191*

    5.8.1 比　　較　　法 ………………………………………… *191*

    5.8.2 2 ア ン テ ナ 法 ………………………………………… *194*

    5.8.3 3 ア ン テ ナ 法 ………………………………………… *194*

引用・参考文献 ………………………………………………………… *195*

付　　　　録 ……………………………………………………… *197*

A.1 偏波パラメータの導出 …………………………………………… *197*

    A.1.1 楕円偏波を表す関数の導出 …………………………… *197*

    A.1.2 ε に つ い て ……………………………………… *198*

    A.1.3 τ に つ い て ……………………………………… *199*

    A.1.4 AR に つ い て ……………………………………… *200*

    A.1.5 ストークスパラメータ S_1, S_2, S_3 について ……………… *201*

A.2 方形パッチアンテナの設計について ……………………………… *202*

A.3 円形パッチアンテナの設計について ……………………………… *205*

引用・参考文献 ………………………………………………………… *206*

索　　　　引 …………………………………………………………… *207*

1章

アンテナの基礎

　アンテナは回路中の信号である高周波電気信号を空間中の電磁波に変換したり，空間中の電磁波を受けて高周波電気信号へ変換して回路中へ送るインタフェースとしての役割をもつ。その原理としては，電磁気学の議論によると電磁波の放射の源は電荷や電流であることが示されている。実際，空気中の導体に高周波電流が存在する場合，その周りには電磁界が分布され，結果として電磁波が放射されることが知られている。また，空間への電磁波の放射が効率的に行われるアンテナは，やはり効率的に電磁波から回路中の電気信号へ変換される。

　アンテナには線状アンテナやスロットアンテナなどのいくつかの種類がある。ダイポールアンテナやループアンテナは線状アンテナの代表格であり，それらのアンテナは導体素子上の電流が放射の源となり，さらに微小な電気ダイポール（ヘルツダイポールともいう）が集合したアンテナとして考えることができる。一方，スロットアンテナや面状のパッチアンテナは，磁流の概念を使うとアンテナの動作が理解しやすいことが知られている。よってスロットアンテナは，磁流の流れる微小な磁気ダイポールが集合したアンテナと考えることができる。

　本章では，アンテナの基本的な性質や特性について理解することを目的とする。しかしながら，アンテナに接続される伝送線路の回路的性質の理解も重要であるために，まずは伝送線路理論から述べていくことにする。つぎに，アンテナの動作を理解するのに必要な電磁界の基本について述べる。さらにアンテナを構成する微小アンテナの放射から説明し，アンテナの基本的動作やアンテナに関する基本的な事項について説明する。なお，本章においてはアンテナの基礎の説明に重きを置くために，円偏波アンテナの話に先駆けて，扱うアンテナは基本的に直線偏波であることを前提とする。

2　　1. アンテナの基礎

1.1　伝送線路理論

電波の送受信を行う回路上では，正弦波で構成された高周波信号を扱うことが前提となる。高周波信号とは，その波長に比べて回路長が無視できない長さの回路で使用される信号のことであり，回路上の信号が波の性質をもつことを理解する必要がある。よって回路上に不連続があったり終端が開放や短絡であれば反射波が起こり，回路上を進行する進行波と合わせて定在波が生じる。回路上の信号が波のような性質をもつのであれば，信号の電圧や電流が回路上の場所によって強かったり弱かったり，あるいは向きが変化する箇所が周期的に分布すると考えられる。以上のような性質のため，高周波を扱う回路は等価的にインダクタやキャパシタが周期的に分布する分布定数線路のモデルがよく使用される。本節では高周波信号の性質を**伝送線路理論**に基づいて説明する。

1.1.1　分布定数線路モデル

高周波を扱う伝送線路として**図 1.1**（a）に示す 2 線から成り立つ**分布定数線路**を考える。図において線路の左端には交流電源が接続され，この場所を $z = 0$ とする。また $z = l$ には負荷抵抗 Z_L が接続されている。また線路上の任意の位置の電圧と電流はそれぞれ V_z, I_z とする。さらに電源に近い $z = 0$ における電圧と電流をそれぞれ V_1, I_1 とし，Z_L に近い $z = l$ の位置線路上の任意の位置 z の電圧と電流をそれぞれ V_2, I_2 とする。ここで線路上の波長を λ とする。

つぎに，図 1.1（a）の中の微小区間 dz における等価回路では，冒頭で述べたようにインダクタやキャパシタが分布すると考え，図（b）のようにインダクタは電流によって発生するため回路に直列に入れ，またキャパシタは線路間の電圧で発生するため並列に入れる。ここでそれぞれの単位長当りのインダクタンスを L〔H/m〕，単位長辺りのキャパシタンスを C〔F/m〕とする。また，この線路には信号に損失が存在し，単位長辺りの抵抗値 R〔Ω/m〕とコンダクタンス値 G〔S/m〕をもつ抵抗が存在し，それぞれ直列と並列に入る。dz は十分小さ

1.1 伝送線路理論

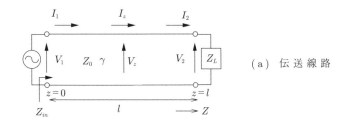

（a）伝送線路

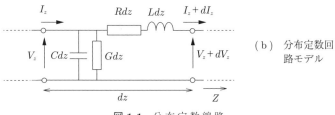

（b）分布定数回路モデル

図 1.1 分布定数線路

いと考え，$\{V_z - (V_z + dV_z)\}/dz = dV_z/dz$，$\{I_z - (I_z + dI_z)\}/dz = dI_z/dz$ のように考えると，図（b）より以下の方程式を立てることができる。

$$-\frac{dV_z}{dz} = (R + j\omega L)I_z = ZI_z \tag{1.1}$$

$$-\frac{dI_z}{dz} = (G + j\omega C)V_z = YI_z \tag{1.2}$$

これらの2式より以下の波動方程式を導出することができる。

$$\frac{d^2 V_z}{dz^2} = \gamma^2 V_z \tag{1.3}$$

$$\frac{d^2 I_z}{dz^2} = \gamma^2 I_z \tag{1.4}$$

以上の2式は**電信方程式**と呼ばれる。ここで

$$\gamma^2 = ZY = (R + j\omega L)(G + j\omega C) = (\alpha + j\beta) \tag{1.5}$$

であるが，γ は**伝搬定数**と呼ばれ，特に α [Np/m]（または $20\alpha \log_{10} e$ [dB/m]）は**減衰定数**，$\beta = 2\pi/\lambda$ [rad/m] は**位相定数**と呼ばれる。これより一般解は未定係数 A, B を用いてつぎのように求められる。

4   1. アンテナの基礎

$$V_z = Ae^{\gamma z} + Be^{-\gamma z} \tag{1.6}$$

$$I_z = \frac{\gamma}{Z_0}(-Ae^{\gamma z} + Be^{-\gamma z}) \tag{1.7}$$

式 (1.6), (1.7) の意味であるが, $Be^{-\gamma z}$ の項が示す電圧または電流は, 図 1.1 (a) において, $+z$ 方向に同じ位相をもつ波の部分が進行する進行波と考えることができる。このとき, 本書の 3 章でも説明するように, スパイラルもしくはヘリカル上の素子において円偏波の励振を可能にすることができる。また, $Ae^{\gamma z}$ は反射によって生じた反射波である。よって上記の式は進行波と反射波が同時に存在する定在波が存在する状況を一般的に表している。ここで式 (1.7) において

$$Z_0 = \sqrt{\frac{Z}{Y}} = \sqrt{\frac{R + j\omega L}{G + j\omega C}} \tag{1.8}$$

であるが, Z_0 は**特性インピーダンス**と呼ばれ, 線路上の進行波 $Be^{-\gamma z}$ のみが存在した場合における電圧と電流の比を表す。

式 (1.6), (1.7) はこの線路に定在波が存在することを示している。さらにこれらの式には未定係数 A, B が含まれるが, $z = 0$ において電圧電流がそれぞれ V_1, I_1, $z = l$ においては V_2, I_2 であることを考慮すると, 未定係数はつぎのように

$$A = \frac{1}{2}(V_1 - Z_0 I_1), \qquad B = \frac{1}{2}(V_1 + Z_0 I_1) \tag{1.9}$$

と求められる。

1.1.2 入力インピーダンスとインピーダンス整合について

つぎに, 図 1.1 (a) の $z = 0$ におけるインピーダンスを入力インピーダンス $Z_{in} = V_1/I_1$ とし, $z = l$ におけるインピーダンスを $V_2/I_2 = Z_L$ とすると, これらの関係は式 (1.6), (1.7), (1.9) より, Z_{in} と Z_L の関係として

$$Z_{in} = Z_0 \frac{Z_L + Z_0 \tanh \gamma l}{Z_0 + Z_L \tanh \gamma l} \tag{1.10}$$

を導出できる。この式は Z_{in} と Z_L を関連づける重要な式である。また $Z_L = Z_0$ であれば，長さに関係なく $Z_{in} = Z_0$ であることがわかり，この状態に近づけることが高周波回路では重要である。なお，$z = l$ における**反射係数** $\Gamma = A/B$ は，これに式 (1.9) を代入して，$Z_{in} = V_1/I_1$ の関係から

$$\Gamma = \frac{Z_{in}^* - Z_0}{Z_{in}^* + Z_0} \tag{1.11}$$

と表すことができる。すなわち $Z_{in}^* = Z_0$ の条件を満たすときに $\Gamma = 0$ となり，インピーダンス整合の観点では理想的である。ここで $*$ は複素共役である。これは $\mathrm{Re}[Z_{in}] > 0$，$\mathrm{Re}[Z_0] > 0$ であることを考慮すると，$\mathrm{Re}[Z_{in}] = \mathrm{Re}[Z_0]$ かつ $-\mathrm{Im}[Z_{in}] = \mathrm{Im}[Z_0]$ であれば負荷 Z_0 に流れ込む電流が最大になることを考慮した条件である。なお $-20 \log_{10} |\Gamma|$ は**リターンロス**と呼ばれ，この値が大きくなる周波数，または散乱パラメータ S_{11} を用いて $|S_{11}| = 20 \log_{10} |\Gamma|$ が小さくなる周波数においてアンテナは使用される。

また $Z_L \to \infty$（開放）のとき $\Gamma = 1$ であり，電圧においては移相せずに反射され，電流の位相は $180°$ だけ移相する。また，$Z_L = 0$（短絡）のとき $\Gamma = -1$ であるが，このとき反射の際に電圧の位相は $180°$ 移相するが，電流の移相は $0°$ である。

また，以下簡単のため $\alpha = 0$ とするが，式 (1.10) へ $l = \lambda/4$ を代入すると

$$Z_0 = \sqrt{Z_{in} Z_L} \tag{1.12}$$

を求めることができる。すなわちインピーダンスが Z_{in} と Z_L 間においては，線路長が $\lambda/4$ で特性インピーダンスが式 (1.12) である線路を挿入することで，インピーダンスを整合させることができる。この整合回路は後述の 1.7 節や 3.3 節にも例を示しているが，例えば入力インピーダンスの高い場合のパッチアンテナと給電回路の整合に使用される。

1.1.3 短絡スタブと開放スタブ

最後に，終端が $Z_L = 0$（短絡）および $Z_L \to \infty$（開放）である場合の Z_{in}

6   1. アンテナの基礎

について述べる。ここで以下の議論において無損失の場合として $\alpha = 0$ を仮定する。まず短絡 ($Z_L = 0$) の場合であるが，式 (1.10) において $Z_L = 0$ を代入すると

$$Z_{in} = jZ_0 \tan \beta l \tag{1.13}$$

となる。このとき $l = \lambda/4$ のようなスタブ（短い線路）であれば $Z_{in} \to \infty$ となり，$0 < l < \lambda/4$ のとき Z_{in} は純虚数であるが誘導性のインピーダンスをもつことになる。一方，$\lambda/4 < l < \lambda/2$ では容量性のインピーダンスをもつ。$l = \lambda/2$ においては，$Z_{in} = 0$ となる。

また開放 ($Z_L \to \infty$) の場合，同様に

$$Z_{in} = -jZ_0 \cot \beta l \tag{1.14}$$

が求まる。このとき $l = \lambda/4$ のようなスタブであれば $Z_{in} = 0$ となり，$0 < l < \lambda/4$ のとき Z_{in} は純虚数であるが容量性のインピーダンスをもつことになる。一方，$\lambda/4 < l < \lambda/2$ では誘導性のインピーダンスをもつ。$l = \lambda/2$ においては，$Z_{in} \to \infty$ となる。

短絡スタブまたは**開放スタブ**は，長さや Z_0 を調整することにより回路中へインダクタやキャパシタを導入することができる。これらは，インピーダンス整合や 4.2.3 項に示す広帯域位相回路などへ利用できる。

1.2 マクスウェル方程式

電磁界の振舞いは，アンペールの法則や電磁誘導の法則に基づいた**マクスウェル方程式**に従うことが知られている。本章においては，特にスロットアンテナやパッチアンテナなどの開口をもつアンテナの動作を理解しやすくするために，磁流を導入したマクスウェル方程式について以下に示す[1]。

$$\nabla \cdot \boldsymbol{D} = \rho_e \tag{1.15}$$

$$\nabla \cdot \boldsymbol{B} = \rho_m \tag{1.16}$$

$$\nabla \times \boldsymbol{H} = j\omega \boldsymbol{D} + \boldsymbol{J}_e \tag{1.17}$$

$$\nabla \times \boldsymbol{E} = -j\omega \boldsymbol{B} - \boldsymbol{J}_m \tag{1.18}$$

$$\boldsymbol{D} = \varepsilon \boldsymbol{E} \tag{1.19}$$

$$\boldsymbol{B} = \mu \boldsymbol{H} \tag{1.20}$$

ここで $\boldsymbol{E}, \boldsymbol{H}$ はそれぞれ電界，磁界であり，$\boldsymbol{D}, \boldsymbol{B}$ はそれぞれ電束密度，磁束密度である。また，$\boldsymbol{J}_e$ は導電電流密度であり，ρ_e, ε, μ はそれぞれ電荷密度，誘電率，透磁率である。ここで無損失な等方性媒質に関しては，$\varepsilon = \varepsilon_0 \varepsilon_r$，$\mu = \mu_0 \mu_r$ であり，ε_0，μ_0 が真空中の誘電率および透磁率であり，ε_r, μ_r がそれぞれ比誘電率，比透磁率である。さらに扱う波源が正弦波であると仮定し，時間微分については角周波数 ω を用いて $\partial/\partial t = j\omega$ と置き換えてある。

一方，$\boldsymbol{J}_m$ は磁流密度であり，ρ_m は磁荷密度である。これらは磁流に関するパラメータであるが，磁流は概念的には正磁荷（具体的には N 極をもつ単磁荷）の移動と考えられる。実際には単磁荷の存在は観測されていないのであるが，スロットアンテナやパッチアンテナ，開口面アンテナの放射の振舞いなどが理解しやすくなるため，磁流はアンテナ工学において度々利用される。よって，磁流は数学的な利便性のための仮想的な波源であり，式 (1.18) のように $\boldsymbol{J}_m$ を適用するとマクスウェル方程式に対称性に近い形を見出せる。同時に，磁荷密度 ρ_m についても考える必要があり，式 (1.16) のように適用させる必要がある。なお，微小電流ループは磁流と等価であると見ることができる。

1.3 微小放射素子について

以上，マクスウェル方程式と共に電流および磁流について述べたが，それぞれが寄与する微小電気ダイポールと微小磁気ダイポールについて述べる。これらはアンテナの放射に寄与する基本的構造といえる。

1.3.1 微小電気ダイポール

図 **1.2** のように，z 軸に平行な長さ l の一様な線電流 I_e が角周波数 ω で振動している微小電気ダイポールを考える。ただし，各座標方向の単位ベクトルを $\hat{\cdot}$ で表すと，$\hat{z} = \hat{r}\cos\theta - \hat{\theta}\sin\theta$ である。式 (1.15) と式 (1.17) についてはそれぞれ ρ_e, J_e を残し，式 (1.16) と式 (1.18) に関しては，磁流の考え方を用いずに以下 $\rho_m = 0$, $J_m = 0$ とする。このときベクトルポテンシャルを A とし，式 (1.16) を考慮すると

$$H = \frac{1}{\mu}\nabla \times A \tag{1.21}$$

と表すことができる。これを式 (1.18) に代入すると

$$E = -\nabla\psi - j\omega A \tag{1.22}$$
$$= -j\omega\left(A + \frac{1}{k^2}\nabla\nabla \cdot A\right) \tag{1.23}$$

と置くことができる。ここで ψ はスカラポテンシャルであり，$k = 2\pi/\lambda$ である。式 (1.21) と式 (1.22) を式 (1.17) に代入すると，ローレンツ条件

$$\nabla \cdot A + j\omega\varepsilon\mu\psi = 0 \tag{1.24}$$

が求まり，これを式 (1.22) に代入すると式 (1.23) が求められる。また，これと同時にベクトルポテンシャルによる波動方程式がつぎのように求められる。

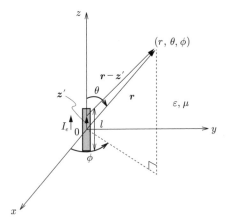

図 **1.2** 微小電気ダイポール
($J_m = 0$, $\rho_m = 0$)

1.3 微小放射素子について　　**9**

$$\nabla^2 \boldsymbol{A} + k^2 \boldsymbol{A} = -\mu \boldsymbol{J}_e \tag{1.25}$$

また，式 (1.22) を式 (1.15) に代入すれば，ローレンツ条件 (1.24) と共に

$$\nabla^2 \psi + k^2 \psi = -\frac{\rho_e}{\varepsilon} \tag{1.26}$$

が求められる。

つぎに空間における式 (1.25) の解は，グリーン関数

$$G_0(\boldsymbol{r}, \boldsymbol{z}') = \frac{1}{4\pi} \frac{e^{-jk|\boldsymbol{r}-\boldsymbol{z}'|}}{|\boldsymbol{r}-\boldsymbol{z}'|} \tag{1.27}$$

を用いて

$$\boldsymbol{A}(\boldsymbol{r}) = \mu \int_{-\Delta l/2}^{\Delta l/2} G_0(\boldsymbol{r}, \boldsymbol{z}') \boldsymbol{J}_e(\boldsymbol{z}') dz' \tag{1.28}$$

と求められる。

以上の議論は電流密度 $\boldsymbol{J}_e$ と $\boldsymbol{A}$ の関係を表した議論であるが，微小電気ダイポールにおいては，電流が正弦波の時間変化をする場合，電荷密度 ρ_e と電流密度 $\boldsymbol{J}_e$ の間に電荷保存則

$$-j\omega\rho_e = \nabla \cdot \boldsymbol{J}_e \tag{1.29}$$

が成立する。これにより区間 $-l/2 \leqq z \leqq l/2$ に存在する z 方向を向いた電流に対応する電荷分布は

$$\rho_e(z) = -\frac{I}{j\omega}\{\delta(z+l/2) - \delta(z-l/2)\} \tag{1.30}$$

となる。これは長さ l の微小ダイポールが $z = -l/2$ の端に $-Q = -I/(j\omega)$，$z = l/2$ の端に $+Q = I/(j\omega)$ の電荷が蓄積された電気双極子と等価であることを意味する[2]。このときの電気ダイポールモーメント $\boldsymbol{P}_e$ は

$$\boldsymbol{P}_e = Ql\hat{\boldsymbol{z}} = -j\frac{Il}{\omega}\hat{\boldsymbol{z}} \tag{1.31}$$

$$= P_e\hat{\boldsymbol{z}} \tag{1.32}$$

となる。この微小電気ダイポールは

10   1. アンテナの基礎

$$J_e = j\omega P_e \delta(z') = Il(z')\hat{z} \tag{1.33}$$

で与えられる電流源と等価であり，これを式 (1.28) へ代入し，z 軸上の位置 z' に関する積分を $-l/2 \sim l/2$ の範囲で行うと

$$A(r) = \frac{j\omega\mu P_e}{4\pi} \frac{e^{-jkr}}{r}\hat{z} \tag{1.34}$$

が求まる．これを式 (1.21), (1.23) に代入することで，つぎのような微小電気ダイポールの電磁界分布を求めることができる。

$$E_r = \frac{P_e}{2\pi\varepsilon}\left(\frac{1}{r^3} + \frac{jk}{r^2}\right)e^{-jkr}\cos\theta \tag{1.35}$$

$$E_\theta = \frac{P_e}{4\pi\varepsilon}\left(\frac{1}{r^3} + \frac{jk}{r^2} - \frac{k^2}{r}\right)e^{-jkr}\sin\theta \tag{1.36}$$

$$H_\phi = \frac{P_e j\omega}{4\pi}\left(\frac{1}{r^2} + \frac{jk}{r}\right)e^{-jkr}\sin\theta \tag{1.37}$$

$$E_\phi = H_r = H_\theta = 0 \tag{1.38}$$

ここで r^{-3} に比例する項は**準静電界**（quasi–static field）と呼ばれ，電気双極子 P_e のつくる電界である。また，r^{-2} に比例する項はファラデーの法則で誘導された電界と考えられ，**誘導界**（induction field）と呼ばれ，これは磁界成分においてはビオ・サバールの法則[2]に e^{-jkr} を掛けた結果となる。つぎに r^{-1} に比例する項であるが，これは十分遠方まで伝搬する電磁界であり，**放射界**（radiation field）と呼ばれる。$kr \gg 1$ においてはこの項が支配的になる。よって r^{-1} の項が含まれない E_r 成分は遠方では十分小さくなると考えてよい。

以上を考慮すると，十分遠方かつ $\theta = 90°$ においては E_θ の大きさは最大であり，このとき電界の振動方向は電流と平行になる。もちろん磁界成分 H_ϕ は E_θ と垂直である。θ が 90° 前後においても電界成分は電流の向きと平行に近くなるが，θ が 0 または 180° となる方向への電磁界の放射は行われない。

また，式 (1.36), (1.37) 中の放射界のみ取り出し，$\eta = E_\theta/H_\phi$ を計算すると

$$\eta = \frac{E_\theta}{H_\phi} = \sqrt{\frac{\mu}{\varepsilon}} \tag{1.39}$$

のように ε, μ をもつ物質内での固有インピーダンス η が求まる．特に $\varepsilon_r = \mu_r = 1$ とした場合，真空中の固有インピーダンス $\eta_0 = \sqrt{\mu_0/\varepsilon_0}$ はおよそ $120\pi\,[\Omega]$ となる．ここで添字の $_0$ は真空中のパラメータであることを表している．

つぎに，式 (1.36) より η および $k = 2\pi/\lambda = \omega\sqrt{\varepsilon\mu}$ を用いて放射界の E_θ を表現すると，つぎのように書くこともできる．

$$E_\theta = \frac{j\eta Il}{2\lambda} \frac{e^{-jkr}}{r} \sin\theta \tag{1.40}$$

1.3.2 微小電流ループ

つぎに微小電流ループについて述べる．実際には**微小電流ループは微小磁気ダイポール**を等価的に実現できることが知られており，微小電流ループからの放射を微小ダイポールからの放射へ置き換えて考えることもできる．よって，式 (1.15) と式 (1.17) については以下 $\rho_e = 0$, $\boldsymbol{J}_e = 0$ とし，**図 1.3** のように波源を磁流だけの存在に置き換え，式 (1.16) と式 (1.18) については $\boldsymbol{\rho}_m$, $\boldsymbol{J}_m$ を用いる．このとき，磁気的ベクトルポテンシャルを $\boldsymbol{A}_m$ とし，式 (1.15) を考慮すると

$$\boldsymbol{E} = \frac{1}{\varepsilon} \nabla \times \boldsymbol{A}_m \tag{1.41}$$

と表すことができる．これを式 (1.17) に代入すると

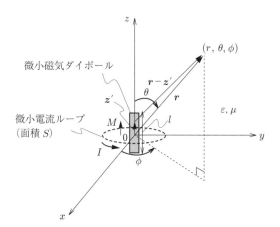

図 **1.3** 微小磁気ダイポール ($\boldsymbol{J}_e = 0$, $\rho_e = 0$)

12   1. アンテナの基礎

$$H = -j\omega \left(A_m + \frac{1}{k^2}\nabla\nabla \cdot A_m \right) \tag{1.42}$$

と置くことができる。自由空間における磁気的ベクトルポテンシャルは $z' = (0,0,z')^T$ として（T：転置）

$$A_m(r) = \varepsilon \int_{-\Delta l/2}^{\Delta l/2} G_0(r, z') J_m(z') dz' \tag{1.43}$$

また，磁気双極子モーメント P_m は

$$P_m = IS_l \hat{z} \tag{1.44}$$

$$= P_m \hat{z} \tag{1.45}$$

で与えられる磁気ダイポールと等価である。ここで，I はループを流れる電流，S_l はループの面積である。この磁気ダイポールの磁流密度 J_m は

$$J_m = j\omega P_m \delta(z') \tag{1.46}$$

で与えられ，これを式 (1.43) に代入して

$$A_m(r) = \frac{j\omega\varepsilon P_m}{4\pi}\frac{e^{-jkr}}{r}\hat{z} \tag{1.47}$$

が求まる。これを式 (1.41), (1.42) に代入して

$$E_\phi = -\frac{j\omega\mu P_m}{4\pi}\left(\frac{1}{r^2} + \frac{jk}{r} \right) e^{-jkr}\sin\theta \tag{1.48}$$

$$H_r = \frac{P_m}{2\pi}\left(\frac{1}{r^3} + \frac{jk}{r^2} \right) e^{-jkr}\cos\theta \tag{1.49}$$

$$H_\theta = \frac{P_m}{4\pi}\left(\frac{1}{r^3} + \frac{jk}{r^2} - \frac{k^2}{r} \right) e^{-jkr}\sin\theta \tag{1.50}$$

$$H_\phi = E_r = E_\theta = 0 \tag{1.51}$$

のように電磁界が求まる。

1.3.3　微小電気ダイポールと微小電流ループ

電気ダイポールと磁気ダイポールを比較すると，例えばそれぞれの電界成分

1.3 微小放射素子について **13**

(1.36) と (1.48) に関しては，それぞれのモーメントの比較からわかるように，同位相の電流に対し位相が 90° 異なることは興味深い。これは主に 3 章で述べるが，微小な電気ダイポールと磁気ダイポールの組合せは円偏波アンテナへ応用が可能である。同時にこの比較は，前者が電気双極子と等価であることからインピーダンスにおいて容量性の特性をもち，後者が誘導性の特性をもつことを意味する。

一方で電気ダイポールと磁気ダイポールの式 (1.36)〜(1.38) および式 (1.48)〜(1.51) を見渡すと，電界と磁界の成分が入れ替わった形になっていることもわかる。これをまとめると，微小電気ダイポール $\Longleftrightarrow$ 微小電流ループ間において**表 1.1** のような関係をもつと考えることができる。

表 1.1 微小電気ダイポールと微小電流ループ間のパラメータの比較

微小電気ダイポール	$\Longleftrightarrow$	微小電流ループ
P_e	$\Longleftrightarrow$	P_m
$\boldsymbol{J}$	$\Longleftrightarrow$	$\boldsymbol{J}_m$
ε	$\Longleftrightarrow$	μ
$\boldsymbol{E}\|_{\boldsymbol{J}_m=0}$	$\Longleftrightarrow$	$\boldsymbol{H}\|_{\boldsymbol{J}=0}$
$-\boldsymbol{E}\|_{\boldsymbol{J}=0}$	$\Longleftrightarrow$	$\boldsymbol{H}\|_{\boldsymbol{J}_m=0}$

すなわち，電流を波源とした電気ダイポールと磁流を波源とした磁気ダイポールに関係するパラメータには双対性があり，電磁界の導出などにおいて有効に利用できる。よって，微小電流ループの場合においては $r \gg 1$ において電界の主成分は E_ϕ であり，磁界の主成分は H_θ となることがわかる。$\theta = 90°$ において E_ϕ が最大となるが，電界成分はループ素子上の電流に平行である。

ところで，微小電流ループは微小磁気ダイポールと等価であると述べたが，式 (1.32) に倣い長さ l の微小磁気ダイポールを流れる磁流の大きさを M とした場合

$$P_m = \frac{Ml}{j\omega} \tag{1.52}$$

と表すことができる。式 (1.52) を微小ループにおける電磁界の式 (1.48)〜(1.50)

に代入すると，磁流 $M = M\hat{z}$ を用いた電磁界の式が得られる．

1.4 ダイポールアンテナ

アンテナに流れる電流もしくは磁流の分布がわかれば，**微小ダイポールアンテナ**に分割し，これらから生じる電磁界の合成からアンテナ全体からの放射界を求められる．ここでは基本的な線状アンテナの一つである**ダイポールアンテナ**について説明する．線状アンテナは線状素子上に電流 $I(z)$ が分布し，その向きと平行な向きに電界を発生させる場合を考える．長さ dz の微小電気ダイポールが発生させる距離 r' 離れた場所における放射界 dE_θ は，式 (1.40) より η と λ を用いて

$$dE_\theta = \frac{j\eta I(z)dz}{2\lambda} \frac{e^{-jkr'}}{r'} \sin\theta \tag{1.53}$$

と表現できる．これより図 1.4 のような長さ $2L$ であるダイポールアンテナの全電流による放射電界 E_θ はつぎのようになる．

$$E_\theta = \frac{j\eta}{2\lambda} \sin\theta \int_{-L}^{L} I(z) \frac{e^{-jkr'}}{r'} dz \tag{1.54}$$

ここで $r' \gg z$ の場合

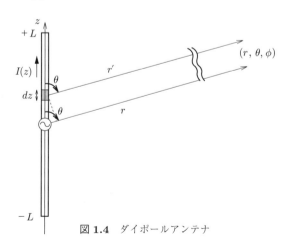

図 1.4　ダイポールアンテナ

$$r' = \sqrt{r^2 + z^2 - 2rz\cos\theta} \tag{1.55}$$

$$\simeq r - z\cos\theta \tag{1.56}$$

と近似できる。

つぎに，(1.54) 中の $e^{-jkr'}/r'$ の項の近似について考えてみる。この項に式 (1.56) を代入した場合，以下の近似が成り立つ[7),8)]。

$$\frac{e^{-jk(r-z\cos\theta)}}{r - z\cos\theta} \simeq \frac{e^{-jk(r-z\cos\theta)}}{r} \tag{1.57}$$

なぜならば，左辺の分子においては e^{-jkr} と $e^{jk(z\cos\theta)}$ の大きさはどちらも 1 より小さく，$e^{jk(z\cos\theta)}$ の項を無視することはできないからである。さらに，分母においては r に比べて $z\cos\theta$ は無視できるため，$r' \simeq r$ と近似して差し支えない。よって，この近似に関する議論を考慮すると式 (1.54) は

$$E_\theta = \frac{j\eta\sin\theta e^{-jkr}}{2\lambda r} \int_{-L}^{L} I(z)e^{jkz\cos\theta}dz \tag{1.58}$$

と求められる。

つぎに，ダイポールアンテナ素子上の電流分布を

$$I(z) = I_m \sin k(L - |z|) \tag{1.59}$$

とすると，その放射電界 E_θ は式 (1.58) より

$$E_\theta = \frac{jI_m\eta}{2\pi} \frac{\cos(kL\cos\theta) - \cos(kL)}{\sin\theta} \frac{e^{-jkr}}{r} \tag{1.60}$$

となる。特に真空中の半波長ダイポールアンテナの場合，$L = \lambda_0/2$ とすると，その放射界は

$$E_\theta = j60I_m \frac{\cos\left(\dfrac{\pi}{2}\cos\theta\right)}{\sin\theta} \frac{e^{-jk_0 r}}{r} \tag{1.61}$$

となる。これを θ 方向に関する E_θ 成分の放射指向性を図示すると，**図 1.5** のようになる。図からわかるように，比較的広い角度で放射が起こるが，z 軸と平行な方向には放射しないことがわかる。

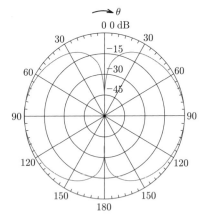

図 1.5 ダイポールアンテナの放射パターン

1.5 スロットアンテナ

スロットアンテナは，図 1.6 のように金属板に波長程度の細長い開口を設けた構造をしており，開口の短手方向に電界を生じさせて放射に寄与する。よって，磁流 M はスロットの長手方向と平行な向きに流れていくことになる。これは，ダイポールアンテナなどの線状素子に沿って流れる電流と，その方向に進む右ネジの回転方向に発生する磁界との類似性を見出すことができる。

電界と磁流の関係については，式 (1.18) の関係に示されているように，磁界の流れる方向に進む左ネジの回転方向に電界が発生する。よって，スロットア

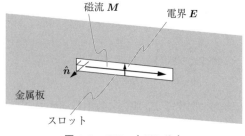

図 1.6 スロットアンテナ

ンテナの短手方向に平行な向きの電界が発生する。磁流を用いてスロットアンテナを考える際には，放射に関しては金属板中のスロットの両面に対して電界の向きがたがいに異なることになるが，実際には同方向を向いた電界が両面に発生する。開口面内の法線ベクトルの方向 $\hat{n}$ に対し，電界と面磁流密度 J_{ms} 間の関係が

$$J_{ms} = -\hat{n} \times E \tag{1.62}$$

を満たす関係でたがいを定義する必要がある。

1.6 導波管およびホーンアンテナについて

1.6.1 方形導波管について

金属による中空の管状の伝送路である**導波管**について説明する[1),3),4)]。その形状は断面が長方形や円形をしているものがよく使用されるが，その他の形状（例えば正方形，楕円など）の断面形状をもつ導波管も可能である。まず断面が長方形となる導波管において，x 方向の長さが a，y 方向の長さが b となる導波管を考える。**方形導波管**の例を**図 1.7** に示す。図において $a > b$ である場合，導波管の基本モードにおいては，電界は長さ b の辺に平行な y 方向を向いて発生する。

図に示した分布は **TE モード**と呼ばれ，電界は伝搬方向に対し垂直方向を向き，かつ伝搬する z 方向に電界成分が存在しない。基本モードに関しては図に x に関する断面内の電界分布が示されているが，$x = 0$ および $x = a$ においては金属壁に接するため 0 となる一方で，$x = a/2$ において最大となる。また，電界と磁界の分布の関係は，y 方向の電界を中心に xz 面内で輪を描く形で磁界が分布する。断面内においては電界の分布は x に関しては半波長単位の電界分布の山が一つ，y に関して 0 個となる。このような TE モードは TE_{10} モードと呼ばれ，E_y 成分の他，H_x，H_z で構成される。ただし高次のモードについては，例えば**図 1.8**（ a ），（ b ）に TE_{11} モードと TM_{11} モード分布の概略をそれ

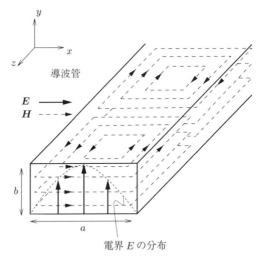

図 1.7 基本モード TE_{10} の方形導波管における電磁界分布の様子

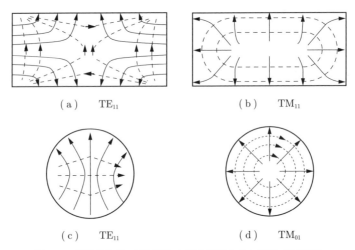

図 1.8 導波管とその開口面における電界分布の様子（概略図）

ぞれ示すが，これらには E_x 成分が存在する。

つぎに TE モードの伝搬について述べる。xz 面内においては H_x, H_y の合成が z に対し斜めを向くため，そのポインティングベクトルは伝搬方向 z に対し斜めを向く。よって，伝搬する波は導波管の壁により反射を繰り返しながら進

む。この性質のため導波管内を z に平行に見渡した場合の管内波長 λ_g は，真空中の波長 λ_0 に対し

$$\lambda_g = \frac{\lambda_0}{\sqrt{1 - \left(\dfrac{\lambda_0}{2a}\right)^2}} \tag{1.63}$$

で表される。

　方形導波管の遮断周波数について簡単に述べる。マクスウェル方程式より TE モードのヘルムホルツ方程式はつぎのように求められる。

$$\frac{\partial^2 H_z}{\partial x^2} + \frac{\partial^2 H_z}{\partial y^2} + k_c^2 H_z = 0 \tag{1.64}$$

TM モードに関しては以下のように求められる。

$$\frac{\partial^2 E_z}{\partial x^2} + \frac{\partial^2 E_z}{\partial y^2} + k_c^2 E_z = 0 \tag{1.65}$$

ここで $-k_c^2$ は $\partial^2/\partial x^2 + \partial^2/\partial y^2$ に対する固有値であり，これに属する固有関数 H_z または E_z を変数分離解の形（例えば $H_z = X(x)Y(y)$）で表し，さらに導波管の外壁での境界条件（$E_z = 0$, および $E_x(y = 0, b) = 0$, $E_y(x = 0, a) = 0$ よりそれぞれ求められる $\partial H_z/\partial y = 0$, $\partial H_z/\partial x = 0$）を用いることで，TE モードおよび TM モード共に

$$k_c = \sqrt{\left(\frac{m\pi}{a}\right)^2 + \left(\frac{n\pi}{b}\right)^2} \tag{1.66}$$

と求めることができる[1),3),4)]。導波管には**遮断周波数** f_c が存在し，方形導波管の TE_{mn} モードおよび TM_{mn} モードの場合，以下の式で求められる。

$$f_c = \frac{ck_c}{2\pi} = \frac{c}{2\pi\sqrt{\varepsilon_r}}\sqrt{\left(\frac{m\pi}{a}\right)^2 + \left(\frac{n\pi}{b}\right)^2} \tag{1.67}$$

ここで，a, b はそれぞれ導波管断面の x 方向と y 方向の断面長であり，ε_r は導波管内部の比誘電率，c は光速である。f_c はモードにより異なり，TE_{10} モードが方形導波管においては最低となり，通常，方形導波管の TE_{mn} モードと TM_{mn} モードは同じ遮断周波数をもつが，この状態は**縮退**（degenerate）していると

20　　1. アンテナの基礎

呼ばれる。ただし，TM_{10}, TM_{01} は存在しない。なお，$a = 2b$ の場合 f_c が低い順から TE_{10}, TE_{01}/TE_{20}, TE_{11}/TM_{11}, ... の並びになるが，$a = b$ のように断面が正方形である場合，TE_{10}/TE_{01}, TE_{11}/TM_{11}, TE_{20}, ... となる。

1.6.2　ホーンアンテナについて

導波管内の伝搬方向に関する特性インピーダンス Z_w は，つぎのように求められる。

$$Z_w = \eta \frac{\lambda_g}{\lambda_0} = \frac{\eta}{\sqrt{1 - \left(\dfrac{\lambda_0}{2a}\right)^2}} \tag{1.68}$$

よってアンテナとして導波管の開口から放射させることを考えた場合，空気中のインピーダンス（η_0 に近い）に近づけるために a が大きくなるとよいが，このために開口面を広げた構造が**ホーンアンテナ**である。a のみを大きくしたホーンアンテナは磁界に平行な面（**H面**と呼ばれる）で広げるため，**H面ホーンアンテナ**と呼ばれる。H面の他に電界に平行な **E面**（yz 面）方向にも広げる**ピラミッド型ホーンアンテナ**は，指向性利得が正確に計算できるため，利得測定における標準アンテナとしてもよく使用される。また，つぎに述べる円形導波管の開口を広げた**コニカルホーンアンテナ**も一般的である。

1.6.3　円形導波管について

以上は導波管の断面が長方形の場合である方形導波管における説明であるが，断面が円形である**円形導波管**もよく使用される。その基本モードは図 1.8（c）に示す分布をもつ TE_{11} モードとなるが，円周方向と半径方向に分布の山が一つずつ存在する。その高次モードの例が TM_{01} モードであり，その分布を図 1.8（d）に示す。つぎに円形導波管の遮断周波数について述べる。半径を r とする円形導波管のヘルムホルツ方程式は TE モードに関して

$$\frac{\partial^2 H_z}{\partial r^2} + \frac{1}{r}\frac{\partial H_z}{\partial r} + \frac{1}{r^2}\frac{\partial^2 H_z}{\partial \phi^2} + k_c^2 H_z = 0 \tag{1.69}$$

であり，TM モードについては

$$\frac{\partial^2 E_z}{\partial r^2} + \frac{1}{r}\frac{\partial E_z}{\partial r} + \frac{1}{r^2}\frac{\partial^2 E_z}{\partial \phi^2} + k_c^2 E_z = 0 \tag{1.70}$$

となる．遮断周波数 f_c は，$-k_c^2$ に属する固有関数の変数分離解と $r = a$ にお
ける $E_\phi = 0$，$E_z = 0$ という境界条件を考慮すると，TE モードに関しては
$J'_m(\rho) = 0$ の n 番目の根 ρ'_{mn}，TM モードは $J_m(\rho) = 0$ の n 番目の根 ρ_{mn} よ
り k_c が求まり，最終的に

$$f_c = \frac{k_c}{2\pi\sqrt{\varepsilon_r}} \tag{1.71}$$

$$k_c = \frac{\rho'_{mn}}{a} \quad (\text{TE モード}) \tag{1.72}$$

$$k_c = \frac{\rho_{mn}}{a} \quad (\text{TM モード}) \tag{1.73}$$

より求められる[1),3),4)]。ここで $J_m(\rho)$ は m 次の第一種ベッセル関数であり，
$J'_m(\rho)$ はその微分である。なお，ρ'_{mn}，ρ_{mn} はそれぞれ**表 1.2** および**表 1.3** の
表が知られている。円形導波管において f_c は低い順から TE_{11}，TM_{01}，TE_{21}，
$\ldots$ となる。

表 1.2 $J'_m(\rho) = 0$ の根：ρ'_{mn} (TE)

n ＼ m	0	1	2
1	3.832	1.841	3.054
2	7.016	5.331	6.706
3	10.173	8.536	9.969

表 1.3 $J_m(\rho) = 0$ の根：ρ_{mn} (TM)

n ＼ m	0	1	2
1	2.405	3.832	5.136
2	5.520	7.016	8.417
3	8.654	10.173	11.620

1.7 マイクロストリップ線路とパッチアンテナ

　線状のダイポールアンテナや立体的なホーンアンテナと異なり，平面構造を
もつ線路やアンテナは無線機器の小型化などのために有用である。**マイクロス
トリップ線路**は，**図 1.9** のように地板上に比誘電率 ε_r で厚み h の誘電体の基
板を設け，その上に幅 w の平面状の線路を設けた構造の伝送線路である。この

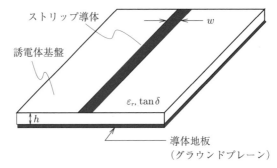

図 1.9 マイクロストリップ線路

場合の線路の特性インピーダンスについては設計公式がいくつか知られているが,例えば以下のとおりである[5]。

$$Z_0 = \frac{120}{\sqrt{2(\varepsilon_r + 1)}} \left[\ln \left\{ \frac{4h}{w} + \sqrt{16\left(\frac{h}{w}\right)^2 + 2} \right\} \\ - \frac{\varepsilon_r - 1}{2(\varepsilon_r + 1)} \left\{ \ln \frac{\pi}{2} + \frac{\ln(4/\pi)}{\varepsilon_r} \right\} \right] \quad (1.74)$$

この式は $w/h \leq 3.3$ の場合に適用可能であるが,1～2%の誤差を含む。また,比実効誘電率 ε_{eff} は

$$\varepsilon_{eff} = \frac{\varepsilon_r + 1}{2} + \frac{\varepsilon_r - 1}{2}\left(1 + \frac{10h}{w}\right)^{-0.555} \quad (1.75)$$

となる式で与えられることが知られている[5]。なお,線路内の実効波長 λ_g が

$$\lambda_g = \frac{c}{f\sqrt{\varepsilon_{eff}}} \quad (1.76)$$

である。

いま,マイクロストリップ線路の長さが図 1.10 (a) のように L とする。この構造は両端が開放された共振器であるため,$L = n\lambda_g/2$ のときに共振が起こる(n は自然数)。$n = 1$ の基本モードの場合電流分布は図のようになるが,電流の方向は図の y 方向に向く。これをアンテナとして利用する場合,図 (b) のように幅を広げると放射が起こりやすくなる。これが**パッチアンテナ**の基本的な構造である。

1.7 マイクロストリップ線路とパッチアンテナ

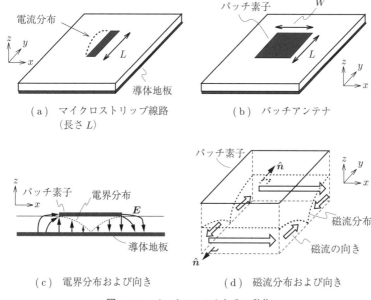

図 1.10 パッチアンテナとその動作

パッチアンテナにおいても半波長の共振がその動作の基礎であるため，長さ L の辺の両端においては図 (c) に示すように強い電界が地板とパッチの間で発生する。これらの電界は，エッジ効果によりパッチよりはみ出ることになり放射に寄与する。また，この両端は基本モードにおいては半波長であるため，電界の向きはたがいに逆となる。よってパッチアンテナはその両端に設けられた 2 素子のスロットアンテナと等価的に考えることができる。

つぎに，パッチ素子と地板の間でパッチ素子を囲む面から外向きに向いた法線ベクトルを $\hat{n}$ とすると，式 (1.62) に基づき磁流を用いて考えることができる。パッチアンテナからの放射は図 (d) のような磁流分布で説明できる。図のように yz 面内においてたがいに向きが反対になる磁流同士は打ち消し合う一方で，二つの zx 面内でたがいに向きの揃った磁流が放射に寄与する。この磁流の寄与を大きくするためには W が大きいほうがよいことがわかる。

パッチアンテナの給電方法はいくつか知られているが，例えば図 1.11 (a) のようにパッチアンテナの辺の中央に特性インピーダンス Z_0 のマイクロストリッ

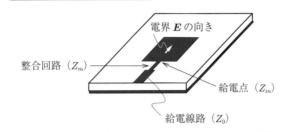

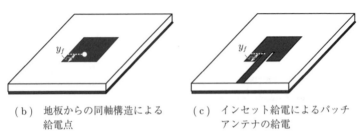

(a) 整合回路を用いたパッチアンテナの給電

(b) 地板からの同軸構造による給電点

(c) インセット給電によるパッチアンテナの給電

図 1.11 パッチアンテナの給電方法

プ線路を接続する。この接続箇所が給電点である。このとき，給電点付近の入力インピーダンス Z_{in} が通常は Z_0（50Ω 程度が多い）に比べて高いため（200～300Ω），1.1 節でも述べたように，$\lambda_g/4$ の長さで特性インピーダンスが $Z_m = \sqrt{Z_{in}Z_0}$ となる整合回路を通じて接続すると，インピーダンス整合をとりつつ給電できる。このとき発生する電界（偏波）の向き，すなわちパッチ上を流れる電流の流れる方向は，給電点とパッチの中心を結んだ線に平行な向きになる。

パッチアンテナの給電方法について，インピーダンス整合のとり方についてさらに述べる。Z_{in} は給電点の場所に関して内側にとるほど低くなる。例えば図 1.11（b）に示す給電点の場所として $y_f = 0.35L$ 前後に選ぶと，50Ω 程度の入力抵抗になる[10]。よって地板におよそ垂直に同軸ケーブルで給電した際に，その中心導体を図の給電点に接続して給電することもできる。また，パッチと同一面内にマイクロストリップ線路を設けて給電する方法のもう一つの手段として，図 (c) のようにインセット構造を用いることで，$Z_0 = 50\,\Omega$ 程度のマイクロストリップ線路と整合をとることができる。パッチアンテナは軽量で低姿勢，かつエッチングなどのプリント技術で作成が容易ということもあり，近年

無線を用いた多くの電子機器で使用されている。

また，パッチアンテナは方形の素子だけでなく円形素子もよく使用される。どちらの場合も，求められる共振周波数における設計方法が知られており，その一例を付録 A.2 節および A.3 節に示している。

1.8 アンテナの諸特性

本節では，アンテナのもつパラメータや損失について説明する。

1.8.1 入力インピーダンス

アンテナを含む閉局面を図 1.12 のように考え，また，給電点からは J_0 の電流密度のみ（磁流は考えない）で給電されているとする。さらに，閉局面内の誘電率，導電率，透磁率をそれぞれ ε, σ, μ とする。このときに関してつぎのマクスウェル方程式を考える[1]。

$$\nabla \times \boldsymbol{H}^* = (\sigma - j\omega\varepsilon)\boldsymbol{E}^* + \boldsymbol{J}_e^* \tag{1.77}$$

$$\nabla \times \boldsymbol{E} = -j\omega\mu\boldsymbol{H} \tag{1.78}$$

ただし，* は複素共役を表す。つぎに，ベクトル公式

$$\nabla \cdot (\boldsymbol{E} \times \boldsymbol{H}^*) = \boldsymbol{H}^* \cdot \nabla \times \boldsymbol{E} - \boldsymbol{E} \cdot \nabla \times \boldsymbol{H}^* \tag{1.79}$$

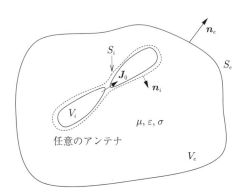

図 1.12　閉局面で囲まれた任意形状のアンテナ

26   1. アンテナの基礎

に式 (1.77), (1.78) を代入し，V で体積積分を行い，かつガウスの発散定理を適用するとつぎの式が求められる。

$$-\int_V \boldsymbol{E} \cdot \boldsymbol{J}_0^* dv = (P_{rr} + P_{lr}) + j(P_{ri} + P_{li}) \tag{1.80}$$

$$= P_r + P_l \tag{1.81}$$

ここで

$$P_r = P_{rr} + jP_{ri} \tag{1.82}$$

$$P_l = P_{lr} + jP_{li} \tag{1.83}$$

$$P_{rr} = \int_{S_e} \boldsymbol{E} \times \boldsymbol{H}^* \cdot \boldsymbol{n}_e dS \tag{1.84}$$

$$P_{ri} = 2\omega \left(\int_{V_e} \frac{\mu}{2} |\boldsymbol{H}|^2 dv - \int_{V_e} \frac{\varepsilon}{2} |\boldsymbol{E}|^2 dv \right) \tag{1.85}$$

$$P_{lr} = \int_{V_i} \sigma |\boldsymbol{E}|^2 dv \tag{1.86}$$

$$P_{li} = 2\omega \left(\int_{V_i} \frac{\mu}{2} |\boldsymbol{H}|^2 dv - \int_{V_i} \frac{\varepsilon}{2} |\boldsymbol{E}|^2 dv \right) \tag{1.87}$$

である。なお，S_e はアンテナ外部を囲む閉局面の表面であり，V_e はその内部でかつアンテナの外部である。また，S_i はアンテナ表面を囲む閉局面であり，V_i はその内部である。

　式 (1.80) の左辺であるが，給電部から入力される複素電力であり，これを $P_{in} = P_{r_{in}} + jP_{i_{in}}$ とする。ここで S_e を十分大きくし，その表面付近では放射界のみであると仮定すると**放射電力**は P_{rr} となる。また，P_{lr} はジュール熱による損失電力である。虚部に関して P_{ri} と P_{li} は，アンテナ近傍におけるアンテナの外部 V_e と内部 V_i それぞれの磁界および電界に蓄えられるエネルギーであると解釈できる[6]。

　つぎにアンテナの入力インピーダンスについて述べる。アンテナを含む閉局面を図 1.12 のように考える。このときの給電電圧を V，給電電流を I とする。まず，アンテナの入力インピーダンス Z_{in} に関して

$$Z_{in} = \frac{V}{I} = R_{in} + jX_{in} = \frac{P_{r_{in}} + jP_{i_{in}}}{|I|^2} \tag{1.88}$$

と定義する。つぎに，アンテナの全表面から放射される複素電力を $P_r = P_{rr} + jP_{ri}$ を用いると

$$Z_r = R_r + jX_r = \frac{P_{rr} + jP_{ri}}{|I|^2} \tag{1.89}$$

となり，これは放射インピーダンスと定義できる。ここで，R_r はアンテナの放射電力 P_r に基づく**放射抵抗**である。以上に関連して P_{rr} はアンテナからの距離 r を用いてつぎのようにも表すことができる。

$$P_{rr} = r^2 \int_0^{2\pi} d\phi \int_0^{\pi} \frac{|\boldsymbol{E}(R,\theta,\phi)|^2}{\eta_0} \sin\theta d\theta \tag{1.90}$$

以上の議論から，$Z_{in} = R_{in} + jX_{in}$ に関して式 (1.88) と式 (1.89) の関係をつぎのように表すことができる。

$$R_{in} = R_r + R_l \tag{1.91}$$

$$X_{in} = X_r + X_l \tag{1.92}$$

ここで，R_l はアンテナ周辺の構造体(金属抵抗などの損失体)による損失電力 P_l に基づく損失抵抗であり，X_l はアンテナ周辺の構造体がもたらす無効電力 $P_{i_{in}} - P_{ri}$ に関するリアクタンス成分である。よって，アンテナの入力インピーダンスについては X_{in} を小さくし，かつ R_r については R_l に対して大きくするほうがよい。ただし，通常はインピーダンス整合を考えて R_{in} は給電回路の実部の値に近づけ，$X_{in} = 0$ となる周波数をアンテナの共振周波数としてアンテナを使用する。ただし，RFID タグのように入力インピーダンスが虚部をもつ場合には，給電回路側（タグ側）を見たインピーダンスを $Z_f = R_f + jX_f$ とすると

$$Z_{in}^* = Z_f \qquad (\,^*：複素共役) \tag{1.93}$$

を満たす必要がある。

また，次項で述べるようにアンテナに入力された電力は，アンテナの材料による損失の影響を受ける。上記の議論より**放射効率**は以下のように定義できる。

$$\eta_r = \frac{R_r}{R_r + R_l} \tag{1.94}$$

28   1. アンテナの基礎

1.8.2　アンテナのもつ損失

アンテナに入力された電力がすべて放射されればアンテナとしては最も効率的である。しかし，実際には電波の送受信に際してアンテナはいくつかの種類の損失をもつ。

〔**1**〕　**材料による損失**　　金属や誘電体の導電率による損失をもつが，これらを考慮したアンテナの放射効率 η_r を，1.8.1 項における入力インピーダンスの議論から式 (1.94) のように定義できる。仮に金属が完全導体であり，かつ誘電体の導電率が無視できるのであれば $R_l = 0$ なので，$\eta_r = 1$ である。

〔**2**〕　**インピーダンス不整合による損失**　　また，アンテナの給電点において，インピーダンス不整合があれば，給電された電力の一部が反射され損失の一因となる。ここで，給電回路側のインピーダンス Z_f に対し，式 (1.93) の関係を満たすとインピーダンスが整合できる。また，Z_f と Z_{in} により，反射係数 Γ は式 (1.11) より以下のように表される。

$$\Gamma = \frac{Z_{in}^* - Z_f}{Z_{in}^* + Z_f} \tag{1.95}$$

さらに，後述でインピーダンス不整合のアンテナ利得への影響を議論するために，**損失係数** M を

$$M = \frac{1}{1 - |\Gamma|^2} \tag{1.96}$$

のように定義する。インピーダンスの不整合が生じるとアンテナへ入力される電力が $1/M$ 倍となるため，理想的には $M = 1$ となるように整合をとる必要がある。

〔**3**〕　**ベクトル実効長と偏波不整合による損失**　　アンテナ間で電波の送受信を行う際に偏波の向きは重要である。偏波は電界成分の振動の向きで定義されるが，送受信アンテナにおいてそれぞれの偏波の向きが平行であるのが理想である。ここでは，偏波整合がどの程度理想に近いかを評価するために，偏波整合度 p_m について述べる。

まず，**図 1.13** に示す任意のアンテナの**ベクトル実効長** l_e をつぎのように定義する[1]。

1.8 アンテナの諸特性

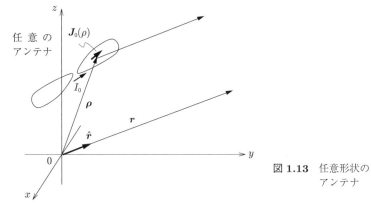

図 1.13 任意形状のアンテナ

$$l_e = \frac{1}{I_0}\hat{r} \times \int_V J_0 e^{jk\boldsymbol{\rho}\cdot\boldsymbol{r}} dv \times \hat{r} \tag{1.97}$$

ここで，I_0 は給電電流である．つぎに $|l_e|$ の物理的な意味であるが，アンテナ素子上の電流分布 $J_0(\rho)$ を一様な電流線状素子に換算したときの長さを表す．また，電流分布 $J_0(x)$ 一定の位相でアンテナが直線状 $(-L \sim L)$ であれば，放射正面方向にて最大となり

$$|l_e| = \frac{1}{I_0}\int_{-L}^{L} J_0(x) dx \tag{1.98}$$

となる．このときの遠方放射電界は偏波の向きを考慮してこれを E_e とすると，式 (1.40) において電流が一様であると考えて

$$E_e = -j\frac{k\eta_0}{4\pi}\frac{e^{-jkr}}{r}I_0 l_e \tag{1.99}$$

で表される．この式より l_e の向きに関しては，そのアンテナが放射できる偏波の向きと一致することがわかる．よって，送信電界 E_t に対する**偏波整合度** p_m をつぎのように定義できる[1),9)]．

$$p_m = \frac{|l_e \cdot E_t|^2}{|l_e|^2 |E_t|^2} = |\boldsymbol{\rho}_e \cdot \boldsymbol{\rho}_t|^2 \tag{1.100}$$

ここで，$\boldsymbol{\rho}_t = E_t/|E_t|$ であり，式 (1.99) より $\boldsymbol{\rho}_e = l_e/|l_e| = E_e/|E_e|$ である．すなわち，$\boldsymbol{\rho}_t$ と $\boldsymbol{\rho}_e$ が平行であれば p_m は最大値 1 であり，偏波の状態としては最も効率的に受信できる状態である．$p_m < 1$ であれば偏波損失が生じる．ま

た, ρ_t と ρ_e が直交する場合, $p_m = 0$ となり送受信は行われない。よって, 効率よい送受信のためには, 送受信アンテナ間において電界の方向を一致させ, $p_m = 1$ に近い状況をつくらなければならない。送受信アンテナがどちらも円偏波アンテナであれば, 伝搬方向に垂直な面内でアンテナの角度が物理的に変化する場合においても, $p_m = 1$ に近い状態を保つことが可能である。

〔4〕 **実効面積と幾何面積の違いによる損失**　また, 受信アンテナの開口面のうち, 実質的に電力密度を取り込んでいる面積は**実効面積**(effective area)と呼ばれ, これを A_e とする。この大きさは, 電流や開口内の電界分布が一様である面積に比例する。これを考慮し, アンテナを受信アンテナとする場合, $\boldsymbol{l}_e$ および受信する電波の電界 $\boldsymbol{E}_t$ を用いて, 受信開放電圧 V_0 はつぎのように定義する。

$$V_0 = \boldsymbol{E}_t \cdot \boldsymbol{l}_e \tag{1.101}$$

つぎに, Z_{in} はこのアンテナを送信アンテナとして使用するときの入力インピーダンスとし, $Z_L = R_L + jX_L$ を受信時にアンテナに接続する負荷とする。これらの関係は図 **1.14** に示すような等価回路で表すことができる。

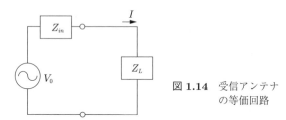

図 **1.14** 受信アンテナの等価回路

このときの受信電力 P_r は

$$P_r = |I|^2 R_L = \left| \frac{\boldsymbol{E} \cdot \boldsymbol{l}_e}{Z_{in}^* + Z_L} \right|^2 R_L \tag{1.102}$$

となり, 一様な分布の電流は開口内の電界分布に依存する。これを入力電力密度 $P_0 = |\boldsymbol{E}|^2/\eta_0$ で正規化した値は, **受信断面積**(receiving cross–section)と呼ばれ

$$\sigma_r = \frac{P_r}{P_0} = \frac{\eta_0 R_L}{|Z_{in} + Z_L|^2} \frac{|\boldsymbol{E} \cdot \boldsymbol{l}_e|^2}{|\boldsymbol{E}|^2} \tag{1.103}$$

で表される。ここで，$1/M = 4R_{in}R_L/|Z_{in} + Z_L|^2$ を導入し，さらに $\eta_r = 1$ を仮定する。ここで $\eta_r = 1$ を仮定すると，入力インピーダンスの実部は放射抵抗に等しくなり，式 (1.90) より

$$R_{in} = \frac{P_{rr}}{I_0^2} = \left(\frac{k}{4\pi}\right)^2 \eta_0 \int_0^{2\pi} \int_0^{\pi} |\boldsymbol{l}_e|^2 \sin\theta d\theta d\phi \tag{1.104}$$

を導入できる。さらに p_m を導入することで，絶対利得

$$G_a = \frac{4\pi|\boldsymbol{l}_e|^2}{\displaystyle\int_0^{2\pi} \int_0^{\pi} |\boldsymbol{l}_e|^2 r^2 \sin\theta d\theta d\phi} \tag{1.105}$$

との間に

$$\sigma_r = \frac{\lambda^2}{4\pi} \frac{G_a \eta_r p_m}{M} \tag{1.106}$$

の関係が得られる。ここで，この式においてあらゆる損失がない理想的な場合を仮定し，$M = 1$，$p_m = 1$，$\eta_r = 1$ の状況において

$$A_e = \frac{\lambda^2}{4\pi} G_a \tag{1.107}$$

と求められる A_e を，前述のとおりアンテナの実効面積と呼ぶ。実効面積が幾何的な開口面積 A_a より小さいのであれば，これは受信の際に損失になる。$\eta_a = A_e/A_a$ を**開口効率**と呼び，開口内を通して一様な電界分布または電流分布であれば η_a は 100% である。例えばホーンアンテナにおいては開口効率は50〜80% 程度であり，半波長ダイポールアンテナの場合，G_a が $2.15\,\mathrm{dBi}$ に相当することから約 $0.13\lambda^2$ である。もちろん M が 1 より大きく，または p_m, η_0 が 1 より小さくなるのであれば，A_e はさらに小さくなる。

1.8.3 アンテナの利得

アンテナには指向性があり，放射される電波の電力密度は方向に依存する。ある特定の方向へ放射される電力密度と，基準アンテナから同一距離 r の受信

32　　1. アンテナの基礎

点における電力密度の比をアンテナの**利得**（gain）という。利得 $G(\theta, \phi)$ の定義は，以下のように表される。

$$G(\theta, \phi) = \frac{|\boldsymbol{E}(\theta, \phi)|^2/P_{in}}{|\boldsymbol{E}_0|^2/P_{in0}} \tag{1.108}$$

ここで，P_{in}, P_{in0} はそれぞれアンテナと基準アンテナへの入力電力，$\boldsymbol{E}(\theta, \phi), \boldsymbol{E}_0$ はそれぞれアンテナと基準アンテナの同一受信点における放射電界強度である。なお特に断りがない場合，利得は最大放射方向で求められることが多い。また，ある基準アンテナに対する利得という意味において相対利得と呼ばれることもある。

〔**1**〕　**絶 対 利 得**　　一方，あらゆる方向に等しい放射を行う仮想的なアンテナを**等方性アンテナ**という。その利得 G_a はこの定義より

$$G_a(\theta, \phi) = 4\pi r \frac{|\boldsymbol{E}(\theta, \phi)|^2}{\eta_0 P_{in}} \tag{1.109}$$

となる。特に等方性アンテナを基準とした場合の利得を**絶対利得**（absolute gain）と呼ぶ。通常，絶対利得は $10\log_{10} G_a$ で表示されることが多く，その単位は〔dBi〕が使用される。

〔**2**〕　**指 向 性 利 得**　　対象となるアンテナが全方向（全立体角）に均一に放射する場合を仮定した状態を基準とした場合の利得は，**指向性利得**（directivity）と呼ばれ，次式で定義できる。

$$G_d(\theta, \phi) = \frac{4\pi|\boldsymbol{E}(\theta, \phi)|^2}{\displaystyle\int_0^{2\pi} d\phi \int_0^{\pi} |\boldsymbol{E}(\theta, \phi)|^2 \sin\theta d\theta} \tag{1.110}$$

指向性利得は対象となるアンテナから放射される電界強度のみで定義される。すなわち，$\eta_r = 1$ の場合における絶対利得と同じ意味である。

〔**3**〕　**動 作 利 得**　　アンテナにおいては，給電部におけるインピーダンス不整合による損失 M や放射効率 η_r を考慮すると，必ずしも入力された電力がすべて放射されるわけではない。これを考慮し，指向性利得 G_d に M や η_r を考慮した場合の利得は**動作利得**（actual gain）と呼ばれ，G_d との関係について以下のように定義される。

$$G_w = \frac{\eta_r G_d}{M} \tag{1.111}$$

よって,アンテナにインピーダンス不整合や損失がなければ,指向性利得と動作利得は一致する。

〔4〕 **円偏波アンテナの利得** 2章で詳しく説明するように,円偏波においては電界成分が回転しながら伝搬するために,直交する二つの電界成分が同振幅かつ位相差 $90°$ で合成される。よって,円偏波は二つの直交成分の合成であることから,直交成分の電力に対し合成後の円偏波の電力は2倍になる。すなわち,アンテナの利得を評価するためには,二つの直交成分の電力を考慮すべきである点が直線偏波の場合と異なるため,円偏波アンテナの利得は,円偏波の等方性アンテナを絶対利得の基準アンテナとすべきである。このため円偏波アンテナの利得を dB 表記で表示する場合,円偏波の等方性アンテナが基準であることを示すために〔dBic〕がよく使用され,本書でも使用する。円偏波アンテナの利得については5章においても述べる。

1.9 フリスの公式

図 **1.15** に示すような1組の送受信アンテナを考える。送信アンテナへの入力電力を P_1,受信アンテナ側における受信信号の電力を P_2,送信アンテナおよび受信アンテナの絶対利得を G_1, G_2 とする。なお,それぞれのアンテナの損失は無視できるものと仮定する。送信アンテナから受信アンテナに向けて放射される電力密度は $P_1/(4\pi L^2)$ であるが,絶対利得 G_1 を考慮すると,受信アン

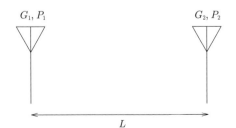

図 **1.15** 送受信アンテナ

テナに到達した電界の電力密度は $G_1 P_1/(4\pi L^2)$ である。これに式 (1.107) より受信アンテナにおける実効面積 $\lambda^2 G_2/4\pi$ を乗ずると，最終的に得られる受信電力 P_2 は

$$P_2 = \left(\frac{\lambda}{4\pi L}\right)^2 G_1 G_2 P_1 \tag{1.112}$$

となる。この式はフリス（Fris）の公式と呼ばれ，送信電力と受信電力を関係づけると共に，アンテナの利得の測定における根拠となる。

アンテナの損失を考慮した場合においては，G_1, G_2 をそれぞれ動作利得と考えればよい。すなわち，送受信のアンテナにおける電力比を測定することで，アンテナの利得の測定が可能である。利得の測定はアンテナを評価する上で重要なパラメータであり，本書においても 5 章にて利得の測定について述べる。

引用・参考文献

1) 安達三郎，米山　務：「電波伝送工学」，コロナ社 (1981)
2) 宇野　亨，白井　宏：「電磁気学」，コロナ社 (2010)
3) 中島将光：「マイクロ波工学」，森北出版 (1975)
4) D.M. Pozar: "Microwave Engineering", Third Edition, Wiley (2005)
5) R.K. Hoffmann: "Handbook of Microwave Integrated Circuit", Artech House (1987)
6) 徳丸　仁：「基礎電磁波」，森北出版 (1992)
7) 新井宏之：「新アンテナ工学」，総合電子出版社 (1996)
8) 築地武彦：「電波・アンテナ工学入門」，総合電子出版社 (2002)
9) 石井　望：「アンテナ基本測定法」，コロナ社 (2011)
10) 山本　学：「プリントアンテナの基礎と設計」，アンテナ・伝搬における設計・解析手法ワークショップテキスト（第 44 回），電子情報通信学会アンテナ・伝播研究専門委員会主催 (2012)

2章

円偏波の基礎

　円偏波の使用には潜在的なものも含めて多くの応用があり，そのためのアンテナが数多く開発されている。本章では円偏波アンテナ技術に先立ち，円偏波についての理解を深めるために関連する定義や振舞いについて述べる。

2.1　平 面 波 と は

　電磁波は電界成分と磁界成分がたがいに同位相で直交した横波のベクトル波であり，それらは伝搬方向に対しどちらも垂直である。波長 λ や，角周波数 $\omega = 2\pi f$，振幅，位相は，電波の振舞いを特定するパラメータであり，これに加えて偏波もまた電波の振舞いを特定する重要な概念であると共に，これを決めるいくつかのパラメータが存在する。

　電磁波の平面波とは，図 2.1 に示すように等位相面が平面となる横波である。

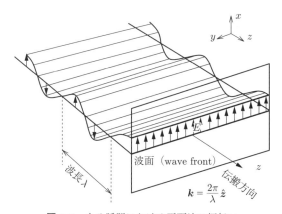

図 2.1　ある瞬間における平面波の振舞い

36   2. 円 偏 波 の 基 礎

すなわち，一つの方向にのみ伝わると共に波の伝搬方向 z に xy 面となる**波面**（wavefront）が直交し，その波面内で電界成分の振幅が一定となる。このように平面波においては，一般に電界は x 成分である E_x と y 成分である E_y をもつと考え，これらを合成した電界 $\boldsymbol{E}$ が波面内で振動する。ただし図 2.1 においては，$\boldsymbol{E}$ は x 成分の E_x のみをもつ場合である。

平面波は電磁波の最も基本的な状態といえるが，アンテナの偏波は平面波の重ね合わせの結果であり，円偏波もその一つの形態である。

2.2　偏　波　と　は

偏波とは，E_x と E_y 間の位相差が一定であり，かつ振幅比 $|E_x|/|E_y|$ が一定である場合に電界が偏った軌跡を描く性質を指すが，そのような状態の電波を指すこともある。送受信アンテナにおいては双方とも同じ偏波となるように設計および設置すべきであり，これらが異なる場合，偏波不整合による**偏波損失**（polarization loss）が生じる[2]。電波の偏波面について考えると，電界ベクトルの軌跡が波面内に時間 t と共に直線を描く場合を**直線偏波**（linear polarization, **LP**），楕円である場合を**楕円偏波**（elliptical polarization, **EP**），そして円を描く場合の偏波状態を**円偏波**（circular polarization, **CP**）と呼ぶ。ここで円偏波や直線偏波は楕円偏波の特殊な状態といえるため，偏波は一般的に楕円偏波と考えることができる。よって本テキスト中においては円偏波について議論する一方で，一般性のために楕円偏波を仮定することもある。

伝搬方向が z 方向である電波が偏波されている場合，その電界成分は E_x と E_y に分解して考えることができる。図 2.1 は電界 $\boldsymbol{E}$ が x 成分のみをもっているため，x 方向の直線偏波である。もし $\boldsymbol{E}$ が x 軸から波面内において傾いているならば，E_x と E_y の成分をもつ直線偏波であり，このとき E_x と E_y は同位相である。

ここで電波が正弦波であるならば，その E_x, E_y 成分は

$$E_x(z,t) = |E_x| \cos(\omega t - kz + \delta_x) \tag{2.1}$$

$$E_y(z,t) = |E_y| \cos(\omega t - kz + \delta_y) \tag{2.2}$$

と表すことができる。ここで $k = 2\pi/\lambda$ は電波の波数であり，λ は波長である。式 (2.1) および式 (2.2) から $\omega t - kz$ を消去すると

$$\frac{E_x^2}{|E_x|^2} - 2\frac{E_x E_y}{|E_x||E_y|}\cos\delta + \frac{E_y^2}{|E_y|^2} = \sin^2\delta \tag{2.3}$$

が求められるが，これは楕円の方程式である（導出は A.1.1 項を参照）。ここで，$\delta = \delta_y - \delta_x$ である。

式 (2.3) が円の方程式，つまり円偏波を得るためには，

$$|E_x| = |E_y| \tag{2.4}$$

$$\delta = \delta_y - \delta_x = \pm 90° \tag{2.5}$$

の関係が満たされる必要がある。

また，$\delta = 0$ とした場合や $|E_x|$ または $|E_y|$ を 0 とした場合，式 (2.3) は直線の方程式となり，この条件下で直線偏波となる。以上の議論より円偏波や直線偏波は楕円偏波の特殊な状態であるといえる。なお，式 (2.5) の符号は円偏波の旋回方向を決定するが，これに関して次節で述べる。

2.3　円偏波の旋回方向

円偏波は電界の旋回方向に応じて**右旋円偏波**と**左旋円偏波**が定義される。以下それぞれを **RHCP**（right–hand CP）と **LHCP**（left–hand CP）と呼ぶ。一方，IEEE の公式定義である IEEE Standard 145–2013[1]によれば，これらは円偏波の**センス**（sense）とも呼ばれる[†]。円偏波のセンスについての定義は

[†] センスは向きという意味があるが，円偏波において電界の旋回方向を表す言葉として IEEE Standard 145 で使用されており，本書でも使用することにする。ただし現状では国内においてあまり使用されていないようであり，代わりに旋回方向を用いる場合が多い。

電波工学分野においては IEEE Standard 145–2013 に従う場合が多く，波源から伝搬方向を見た場合の電界ベクトルの回転方向で定義される[†]。RHCP の場合を図 2.2（a）に示す。ある場所（図では $z=0$）に固定した波面上においては，伝搬方向（$+z$ 方向）を見た場合に電界ベクトルが右回りに回転している。同様に LHCP については，図（b）に示すように電界は左回りに回転している。

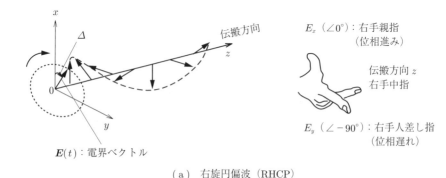

（a） 右旋円偏波（RHCP）

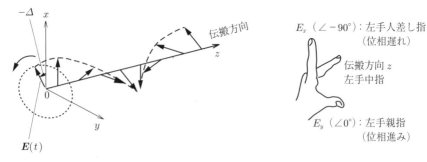

（b） 左旋円偏波（LHCP）

図 2.2　電界の旋回方向と直交成分間の位相の関係

一方，時間が止まった場合を仮定する。図（a）は RHCP の場合であるが，波源から $+z$ 方向に移動しながら電界分布を観測した場合，左回りに回転する分布となる。よって，時間と共に回転する方向と逆になる。同様に図（b）の

[†] 光学の分野や電波天文分野においては伝搬方向から波源を見た回転方向で定義される場合が多い。この場合右旋と左旋の定義が逆になる。また定義は文献によっても異なる場合があり注意が必要である。

2.3 円偏波の旋回方向　　**39**

LHCP においては右回りの分布となる。

つぎに，円偏波を一般化して楕円偏波である範囲まで議論を拡張し，式 (2.5)
の δ と電界の旋回方向との関係について考えてみる[2]。図 2.2 中の電界の角度
Δ は，$z = 0$ においてはつぎのようにして求められる。

$$\tan \Delta = \frac{E_y(t)}{E_x(t)} = \frac{|E_y|\cos(\omega t + \delta_y)}{|E_x|\cos(\omega t + \delta_x)} \tag{2.6}$$

両辺を微分して

$$\frac{1}{\cos^2 \Delta}\frac{\partial \Delta}{\partial t} = \frac{|E_y|}{|E_x|}\frac{-\omega \sin(\delta_y - \delta_x)}{\cos^2(\omega t + \delta_x)}$$

$\cos^2 \Delta = 1/(1 + \tan^2 \Delta)$ の関係を考慮して

$$\frac{\partial \Delta}{\partial t} = \frac{-\omega|E_x||E_y|\sin\delta}{|E_x|^2\cos^2(\omega t + \delta_x) + |E_y|^2\cos^2(\omega t + \delta_y)} \tag{2.7}$$

$$= \frac{-\omega|E_x||E_y|\sin\delta}{|\boldsymbol{E}(t)|^2} \tag{2.8}$$

が求められる。式 (2.8) は，$0 < \delta < 180°$ に対して $\partial \Delta/\partial t < 0$ となるため，電
界は左回りであることを示す。同様に $-180° < \delta < 0$ に対しては $\partial \Delta/\partial t > 0$
となるため，電界は右回りであることを示している。よって円偏波のセンスに
関しては，式 (2.5) において符号が + である場合に LHCP，- である場合に
RHCP となることがわかるが，ベクトル的にこれらはたがいに直交関係にある。
δ が 0° の場合と 180° の場合には直線偏波となるが，同様にこれらもたがいに
直交する。

このように電界が旋回するのは電界の x 成分と y 成分の位相差のためであり，
これらの間の位相の進み遅れの関係でセンスが決まる。図 2.2 (a) には E_x と
E_y の位相の関係を示しているが，RHCP の場合，E_x が E_y に比べて位相が
90° 進む関係にあるが，一方 LHCP の場合，E_y が E_x に比べて位相が 90° 進
む関係にある。これらの関係は左手または右手の指を使って円偏波のセンスを
表現することができる。図 (a) および図 (b) に示すように，E_x または E_y の
+ 方向に親指および人差し指を向け，中指を伝搬方向の $+z$ 方向に向けるが，
このときに親指相当成分が人差し指相当成分より位相が進む関係でなければな

らない。この関係を右手で表現できれば RHCP であり，左手で表現できれば LHCP である。この表現は，例えば円偏波のセンスを測定の際に特定する際に便利である。

2.4 幾何学的パラメータによる楕円偏波の表現

楕円偏波の表現のためには，図 2.3 に示すような幾何学的パラメータ (τ, ε, A) を利用したほうが便利である。ここで，τ は楕円偏波の長軸の**傾き角**（tilt angle）であり，ε は**楕円率角**（ellipticity angle）と呼ばれ

$$\varepsilon = \tan^{-1} \frac{b}{a} \qquad \left(-\frac{\pi}{4} \leq \varepsilon \leq \frac{\pi}{4}\right) \tag{2.9}$$

である。ここで，$2a$ は楕円の長軸の長さ，$2b$ は短軸の長さであり，$AR = a/b$ は**軸比**（axial ratio, AR）と呼ばれ，円偏波を評価する上で重要なパラメータである。軸比 AR は，楕円偏波が円偏波にどれだけ近いかを表し，$AR = 1$ のときが円偏波になる。また，$A = \sqrt{a^2 + b^2}$ は楕円の振幅を表し，A^2 は電力を表す。

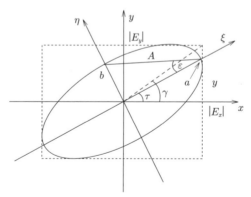

図 2.3　楕円偏波を表すパラメータ

図 2.3 に示された ε と τ を用いた楕円偏波の様子を図 2.4 に示す。$\varepsilon = \pm 45°$ のとき $a = b$ であり，$AR = 1$ となり円偏波となる。$\varepsilon = 0°$ のとき，直線偏波であり，このとき $AR \to \infty$ である。ε がその他の場合には楕円偏波となる。

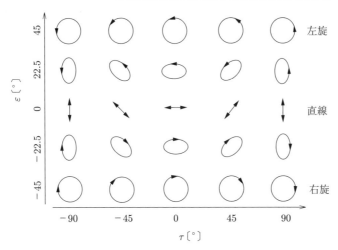

図 2.4 楕円偏波の幾何学的パラメータへの依存性

このように ε は AR に密接に関係する。AR については改めて 2.8 節で詳しく説明するが,センスと共に円偏波を用いた無線通信やシステムの性能に関係がある。また,τ は長軸の傾きを表し,同様に偏波の形態を決めるパラメータである。これら ε と τ は偏波の**幾何学パラメータ**と呼ばれる。

2.5 Jones ベクトルによる偏波の表現

偏波の表現方法は幾何学的表現の他に,ベクトルで表現されることも多い。本節ではフェーザ表記に基づく Jones ベクトルについて説明する。

2.5.1 Jones ベクトルについて

例えば複素電界ベクトル $\boldsymbol{E}(\boldsymbol{r})$ によるフェーザを考え,角周波数 ω を用いた瞬時ベクトルはつぎの形をとる。

$$e(\boldsymbol{r},t) = \mathrm{Re}\bigl[\boldsymbol{E}(\boldsymbol{r})e^{j\omega t}\bigr] \tag{2.10}$$

電界ベクトル $\boldsymbol{E}(\boldsymbol{r})$ は空間座標の関数であり,フェーザである。

z 軸方向に伝搬する平面波については,図 2.2 の座標において,電界成分を

42   2. 円 偏 波 の 基 礎

つぎの形式で表すことができる。

$$E(z) = \begin{bmatrix} E_x \\ E_y \end{bmatrix} = \begin{bmatrix} |E_x|e^{j\delta_x} \\ |E_y|e^{j\delta_y} \end{bmatrix} e^{-jkz} \tag{2.11}$$

ここで z が一定の面では z に関する項を取り除ける。また，位相に関しては一般に計測が難しいが，式 (2.5) と同様に相対位相 $\delta = \delta_y - \delta_x$ を定義するとつぎの形になる。

$$E(0) = \begin{bmatrix} |E_x| \\ |E_y|e^{j\delta} \end{bmatrix} \tag{2.12}$$

このベクトルは **Jones** ベクトルと呼ばれており，偏波表現方法の一つである。

円偏波である場合を考えるため，$|E_x| = |E_y|$ かつ $\delta = \pm 90°$ であるとし，LHCP の電界を E_L，RHCP の電界を E_R とすると，式 (2.12) より，LHCP の場合

$$E_L(z) = \frac{1}{\sqrt{2}} \begin{bmatrix} 1 \\ j \end{bmatrix} \tag{2.13}$$

であり，RHCP の場合

$$E_R(z) = \frac{1}{\sqrt{2}} \begin{bmatrix} 1 \\ -j \end{bmatrix} \tag{2.14}$$

である†。ただし，$|E_L| = |E_R| = 1$ としている。一方，円偏波の振舞いを定式化する際は，LHCP や RHCP の電界についてそれらを構成する直交成分（例えば E_x, E_y）で表すことも多い。この場合，式 (2.13), (2.14) を考慮して

$$\begin{bmatrix} E_L \\ E_R \end{bmatrix} = \frac{1}{\sqrt{2}} \begin{bmatrix} 1 & j \\ 1 & -j \end{bmatrix} \begin{bmatrix} E_x \\ E_y \end{bmatrix} \tag{2.15}$$

と表すことができる。

---

†　これらは IEEE の定義である。しかしながら，偏波情報を用いるリモートセンシング技術であるレーダポラリメトリーでは $E_L(z) = (1/\sqrt{2})[1,j]^T$，$E_R(z) = (1/\sqrt{2})[j,1]^T$ のような異なる定義を用いている。

2.5.2 円偏波を基底とした偏波の合成

式 (2.15) は, 二つの直線偏波を基底として, その合成が円偏波になることを表しているとも解釈できる。同様に, Jones ベクトルの表現を用いて円偏波を基底とした直線偏波の合成についても述べることができる。式 (2.15) より

$$
\begin{bmatrix} E_x \\ E_y \end{bmatrix} = \frac{1}{\sqrt{2}} \begin{bmatrix} 1 & 1 \\ -j & j \end{bmatrix} \begin{bmatrix} E_L \\ E_R \end{bmatrix} \tag{2.16}
$$

すなわち

$$
E_x = \frac{1}{\sqrt{2}}(E_L + E_R) \tag{2.17}
$$

$$
E_y = \frac{-j}{\sqrt{2}}(E_L - E_R) \tag{2.18}
$$

が求まる。この式は, 円偏波を基底とした偏波合成を表しており, 前者は E_L, E_R が初期位相差 $0°$ の場合の合成であり, 後者は $180°$ の初期位相差での合成である。このとき, それぞれの合成結果は前者が E_x, 後者が E_y となる。いずれにしろ, 同じ振幅または電力の LHCP と RHCP の合成は直線偏波に合成されることがわかる[3]。両円偏波の電力が等しくなければ, 合成される偏波は楕円偏波となる。

2.6 ストークスパラメータによる偏波の表現

その他の偏波の代表的な表現として**ストークス** (Stokes) **ベクトル**が知られている[2]~[5]。通信に使用される電波は完全に偏波されている場合が多いが, その場合, 単一周波数においてストークスベクトルを S とし, ストークスパラメータを S_0, S_1, S_2, S_3 とした場合, つぎのように表される。

$$
S = \begin{bmatrix} S_0 \\ S_1 \\ S_2 \\ S_3 \end{bmatrix} \tag{2.19}
$$

44　2. 円偏波の基礎

$$S_0 = |E_x|^2 + |E_y|^2 = |E_L|^2 + |E_R|^2 = |E_{45}|^2 + |E_{135}|^2 = A^2 \quad (2.20)$$

$$S_1 = |E_x|^2 - |E_y|^2 = A^2 \cos 2\tau \cos 2\varepsilon \quad (2.21)$$

$$S_2 = |E_{45}|^2 - |E_{135}|^2 = 2|E_x||E_y| \cos \delta = A^2 \sin 2\tau \cos 2\varepsilon \quad (2.22)$$

$$S_3 = |E_L|^2 - |E_R|^2 = 2|E_x||E_y| \sin \delta = A^2 \sin 2\varepsilon \quad (2.23)$$

ストークスパラメータの導出方法については，付録の A.1.5 項に示してある。ここで，A は振幅であり，E_x と E_y はそれぞれ地面に対する水平偏波，垂直偏波，E_{45} と E_{135} は，それぞれ地面に対して 45°，135° の角度をとる直線偏波である。

つぎに各パラメータがもつ意味について述べる。S_0 は偏波内の全電力を表しており，主偏波および交差偏波の電力の合計である。S_1 は x, y 方向成分間の電力差，S_2 は 45° と 135° 方向成分間の電力差，S_3 は LHCP と RHCP 間の電力差を表している。また，完全偏波に対しては，S_0 と他の各パラメータはつぎのような関係を満たす。

$$S_0^2 = S_1^2 + S_2^2 + S_3^2 \quad (2.24)$$

以上のストークスパラメータは，扱うパラメータがすべて実数で扱えるという利点があるため，5.6 節で後述するように，位相測定なしで偏波状態を測定することができる。さらに，測定において二つの直交成分の振幅とそれらの位相差から，それら直交成分が構成する LHCP および RHCP の電力を求めることができる。

一方，電波天文で観測対象となるような自然発生した電波や，レーダポラリメトリーなどで扱われるような揺らぎのある対象物から散乱した電波は，部分的にのみ偏波されていることも多いが，ストークスパラメータはこのような場合についても扱うことができる。しかしながら，部分偏波の扱いは本書の範疇を超えるため詳しい説明は文献 2)～5) に譲る。

2.7 ポアンカレ球による偏波の表現

偏波状態の表現方法の一つに，図 2.5 に示す**ポアンカレ球**と呼ばれる球の表面上の 1 点で表現する方法が知られている[3),6)]。ポアンカレ球の赤道（equator）上では，水平偏波（HP），斜め 45°偏波および垂直偏波（VP）などの直線偏波（LP）の角度（アライメント）が経度の違いで表現される。また，球上の北半球は左旋楕円偏波を表すが，北極においては LHCP である。同様に，南半球は右旋楕円偏波を表すが南極においては RHCP を表す。

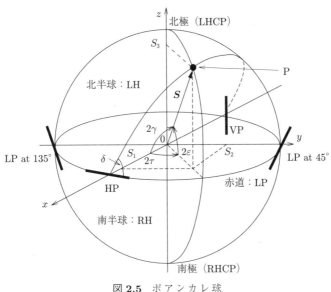

図 2.5 ポアンカレ球

つぎに幾何学パラメータについて説明する。楕円偏波の長軸のチルト角は，経度 2τ の違いで表現する。また，AR は緯度 2ε の違いで表現する。これらのパラメータは図 2.3 または図 2.4 における ε および τ と共通であり，図の各偏波の状態と図 2.5 を照らし合わせることができる。また，各パラメータの範囲は以下のとおりとなる。

46   2. 円偏波の基礎

$$-90° \leq 2\varepsilon \leq 90°$$

$$0° \leq 2\tau \leq 360°$$

$$0° \leq 2\gamma \leq 180°$$

　幾何学パラメータ ε と τ を用いたストークスパラメータ (2.20)～(2.23) と図 2.5 を照らし合わせてみると，図に示したように S_1～S_3 が各座標に現れることがわかる。このようにストークスパラメータとポアンカレ球は密接な関係があり，各パラメータと偏波状態の関係をわかりやすく表現してくれる。

　また，図 2.4 のような図はポアンカレ球上にも表現できる。これは図 2.4 の各軸を 2 倍すると，横軸は 0～180° の範囲となり，縦軸は -90～$+90°$ となる。よって，図 2.4 は例えるならメルカトル図法による世界地図のようなものであ

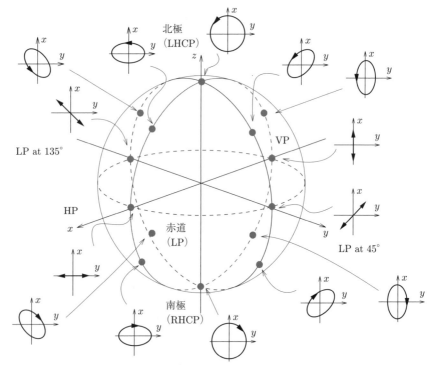

図 **2.6**　ポアンカレ球上の各偏波の状態

2.8 *AR* に つ い て 47

るといえる。この例えに沿った場合，ポアンカレ球は偏波を地球儀上に表した
ようなものといえる。各偏波の状態はポアンカレ球上においては**図 2.6** のよう
に表される。

2.8 *AR* について

すでに述べたように，円偏波アンテナの評価において軸比 *AR* は重要なパラ
メータである。その定義は，電界の軌跡が描く楕円の長軸と短軸の長さの比で
定義され，図 2.3 中のパラメータを用いてつぎのように定義される。

$$AR = \frac{a}{b} \tag{2.25}$$

ここで

$$\sin 2\varepsilon = \frac{2|E_x||E_y|\sin\delta}{|E_x|^2 + |E_y|^2} \tag{2.26}$$

の関係が知られている（導出は付録の A.1.2 項を参照）。ここで，直交電界成分
を E_x, E_y，およびこれらの間の位相差を $\delta = \delta_y - \delta_x$ としている。

一方，τ については

$$\tan 2\tau = \frac{2|E_x||E_y|\cos\delta}{|E_x|^2 - |E_y|^2} \tag{2.27}$$

で求められる（導出は付録の A.1.3 項を参照）。

さらに，式 (2.26) より，AR は $|E_x|, |E_y|, \delta$ を用いて

$$AR = \sqrt{\frac{|E_x|^2 \cos^2\tau + |E_x||E_y|\sin 2\tau \cos\delta + |E_y|^2 \sin^2\tau}{|E_x|^2 \sin^2\tau - |E_x||E_y|\sin 2\tau \cos\delta + |E_y|^2 \cos^2\tau}} \tag{2.28}$$

と表すことができる（導出は付録の A.1.4 項を参照）。この式は，例えば軸比の
測定の際に有用である。

軸比は dB の表記に直して扱う場合も多いが，$AR \leq 3\,\mathrm{dB}$ を円偏波としての
評価値と定義している論文が多い。しかしながら，軸比は，主偏波と交差偏波の
差の大きさを表す**交差偏波識別度**（cross–polarization discrimination, ***XPD***）

と密接に関係があり，本節にて後述しているごとく，主偏波と交差偏波間のアイソレーションが十分かどうかや，送受信アンテナ間の偏波損失の影響を考慮して軸比の評価値を定めるべきである。また，送受信アンテナ間で想定する軸比が大きく違う場合，式 (1.100) における偏波整合度 p_m が小さくなり偏波損失を生じることになる。しかしながら，軸比が大きい場合においても，τ を送受信アンテナ間で一致させることで偏波損失を小さくすることはできる。本節では，まず最初に軸比が電波の送受信に与える影響について述べる。

2.8.1 軸比が電波の送受信に与える影響

まず，軸比と交差偏波識別度 XPD との関係について述べる。図 2.3 中の a, b の長さは，それぞれ最大電界 $|E|_{\max}$ と最小電界 $|E|_{\min}$ の大きさを意味するが，電磁波がベクトル波である以上，2.5 節でも述べたように得られた楕円偏波は RHCP と LHCP を基底とするベクトル合成で表現できると考えることができる。この様子を図 2.7 で示す。ここで，RHCP および LHCP の受信信号を

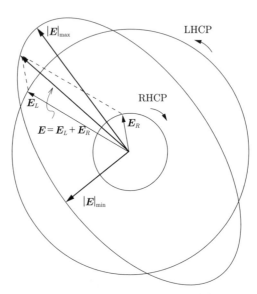

図 **2.7** 円偏波による楕円偏波の合成

E_R, E_L と定義すると，図より軸比 AR はつぎのとおりであると考えられる。

$$a = |\boldsymbol{E}|_{\max} = |\boldsymbol{E}_L| + |\boldsymbol{E}_R| \tag{2.29}$$

$$b = |\boldsymbol{E}|_{\min} = |\boldsymbol{E}_L| - |\boldsymbol{E}_R| \tag{2.30}$$

よって，式 (2.25) より

$$AR = \frac{|\boldsymbol{E}_L| + |\boldsymbol{E}_R|}{|\boldsymbol{E}_L| - |\boldsymbol{E}_R|} = -\cot\varepsilon \tag{2.31}$$

$$= \frac{1+\rho}{1-\rho} \quad \left(\rho = \frac{|\boldsymbol{E}_R|}{|\boldsymbol{E}_L|}\right) \tag{2.32}$$

が求められる。ここで，RHCP に対する LHCP の大きさの比を偏波比 ρ で定義しているが，XPD との関係は

$$XPD = |20\log_{10}\rho| \quad (\text{dB}) \tag{2.33}$$

となる。なお，式 (2.31) は式 (2.25) とは異なり，AR は負の値をとり得ることに注意[8]。式 (2.31) の分母からわかるように，$\rho < 1$ のときに $AR > 0$ となり，このときの主偏波（右旋，左旋のうち強いほう）は LHCP であることを意味する。ただし，RHCP と LHCP が混在している状態であれば，このときの偏波は楕円偏波であるが，電界の旋回方向は主偏波と同じ左回りであることを意味する。逆に $\rho > 1$ のときに $AR < 0$ となり，同様にこのときの主偏波は RHCP であることから，電界の旋回方向は右回りである。このように RHCP と LHCP によって軸比の正負を定義することもあるが，多くの場合において軸比は絶対値である場合が多く，本書でも軸比は RHCP や LHCP にかかわらず，基本的には正の値として扱う。

2.8.2 軸比と *XPD* について

つぎに軸比 AR と交差偏波識別度 XPD との関係について考えてみる。仮に $AR \le 3\,\text{dB}$ を円偏波と定義した場合，その上限 $3\,\text{dB}$ で XPD がどの程度になるかを考えてみる。図 **2.8** は，式 (2.32) を用いて XPD と AR の関係を図示

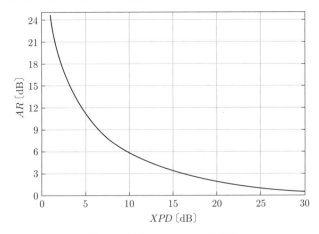

図 2.8 軸比の XPD への依存性

したものである。例えば，RHCP が主偏波であると仮定すると，この図より，交差偏波に当たる LHCP が RHCP に比べて $-15\,\mathrm{dB}$ 以下（$XPD = 15\,\mathrm{dB}$ 以上）であれば，軸比が $3\,\mathrm{dB}$ 以下の RHCP が得られることを意味する。逆に $AR = 1\,\mathrm{dB}$ のためには，XPD は $25\,\mathrm{dB}$ 程度とかなり大きい値が求められる。

また，円偏波のセンスの違いを利用してそれらの間のアイソレーションを利用する場合，軸比は重要である。XPD はアイソレーションの大きさと同じであるが，上記の議論から $AR = 3\,\mathrm{dB}$ の円偏波は RHCP と LHCP 間で $15\,\mathrm{dB}$，$AR = 1\,\mathrm{dB}$ の場合，$25\,\mathrm{dB}$ のアイソレーション（$= XPD$）が得られることを意味する。つまり，RHCP と LHCP 間のアイソレーションを応用する場合，軸比はできるだけ小さくし，1（$0\,\mathrm{dB}$）に近づけるべきであることがわかる。

2.8.3 軸比と偏波損失について

円偏波の軸比が大きい場合の影響を考えてみよう。偏波損失は送受信アンテナ間で偏波のベクトル的向きが一致しない，すなわち偏波整合がとれていないために生じる損失である。完全な円偏波でなければ偏波損失はアンテナのアライメント（すなわち τ）に依存する[2],[7]。ここでは，送信アンテナと受信アンテナのそれぞれの軸比に対して最大どれだけの偏波損失 $P_{L\,\mathrm{max}}$ を生じ得るか

を考える。すなわち，偏波整合度 p_m が $p_m = 1/P_{L\max}$ の状況として，図 **2.9** のように，送信アンテナの偏波パターンの長軸と受信アンテナの偏波パターンの長軸が直交する場合を考える。

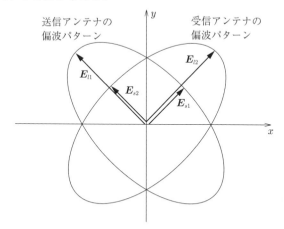

図 **2.9** 楕円偏波のアンテナ間の送受信において偏波損失最大となる偏波の関係

このとき，送信アンテナについては軸比を AR_1〔dB〕，長軸の電界振幅を $|\boldsymbol{E}_{l1}|$，短軸を $|\boldsymbol{E}_{s1}|$ とし，さらに受信アンテナの軸比，長軸の振幅，短軸の振幅を同様に AR_2〔dB〕，$|\boldsymbol{E}_{l2}|$，$|\boldsymbol{E}_{s2}|$ とする。このとき，軸比の定義から

$$|\boldsymbol{E}_{s1}| = 10^{-AR_1/20}|\boldsymbol{E}_{l1}| \tag{2.34}$$

$$|\boldsymbol{E}_{s2}| = 10^{-AR_2/20}|\boldsymbol{E}_{l2}| \tag{2.35}$$

の関係が得られる。また，送信アンテナと受信アンテナの楕円偏波がもつ電力をそれぞれ A_1^2，A_2^2 とすると

$$A_1^2 = |\boldsymbol{E}_{l1}|^2 + |\boldsymbol{E}_{s1}|^2 = (1 + 10^{-AR_1/10})|\boldsymbol{E}_{l1}|^2 \tag{2.36}$$

$$A_2^2 = |\boldsymbol{E}_{l2}|^2 + |\boldsymbol{E}_{s2}|^2 = (1 + 10^{-AR_1/10})|\boldsymbol{E}_{l2}|^2 \tag{2.37}$$

となる。しかしながら，偏波状態が図 2.9 のように長軸が直交している状況であるならば，受信される電力 P_2 は以下のように送信アンテナおよび受信アンテナの短軸が 2 直交成分になると考えられる。

52   2. 円偏波の基礎

$$P_2 = |\boldsymbol{E}_{s1}|^2 + |\boldsymbol{E}_{s2}|^2 \tag{2.38}$$

$$= 10^{-AR_1/10} \frac{A_1^2}{1 + 10^{-AR_1/10}} + 10^{-AR_2/10} \frac{A_2^2}{1 + 10^{-AR_2/10}} \tag{2.39}$$

となる。ここで，$A_2^2/A_1^2 = |S_{21}|$ の関係は，本来フリスの公式 (1.112) で関係づけられるはずであるが，ここでは偏波損失のみの議論とするために，あえて $A_2^2/A_1^2 = 1$ とする。よって，図 2.9 の際の偏波損失 $P_{L\,\mathrm{max}}$〔dB〕は

$$P_{L\,\mathrm{max}} = -10 \log_{10} \left(\frac{10^{-AR_1/10}}{1 + 10^{-AR_1/10}} + \frac{10^{-AR_2/10}}{1 + 10^{-AR_2/10}} \right) \text{〔dB〕} \tag{2.40}$$

と求められる。

つぎに具体的な例を考える。$AR_1 = 0\,\mathrm{dB}$，$AR_2 = 20\,\mathrm{dB}$ の場合，これは送信アンテナが円偏波で受信アンテナが直編偏波に近い場合であり，このときの偏波損失は $P_{L\,\mathrm{max}} \simeq 3\,\mathrm{dB}$ となり，受信電力はおよそ半分になる。また，$AR_1 = AR_2 = 3\,\mathrm{dB}$ の場合，$P_{L\,\mathrm{max}} \simeq 1.8\,\mathrm{dB}$ ほどの損失が発生する。円偏波アンテナを評価するにあたって軸比は重要なパラメータであり，軸比が大きいと偏波損失の原因となるため，十分小さくすることが求められる。

本項においては，総受信のそれぞれの楕円偏波が $90°$ の角度となる場合を仮定したが，そうでない場合，角度に応じて p_m は $1/P_{L\,\mathrm{max}}$ から軽減されることになる。また，直線偏波同士が直交する場合は $p_m = 0$ $(P_{L\,\mathrm{max}} \to \infty)$ となる。

2.8.4 振幅比と位相差の変化が軸比に及ぼす影響

すでに 2.2 節で述べたように，円偏波の発生のためには $|E_x| = |E_y|$ と $\delta = \pm 90°$ となるように直交する電界 2 成分をアンテナから放射する必要がある。しかし，この条件を厳密に満たすことは難しいこともあり，多くの場合，例えば $AR < 3\,\mathrm{dB}$ 程度に軸比の上限を決めて円偏波アンテナを設計する。そこで，式 (2.28) を $|E_x|/|E_y|$ と δ について評価すると図 2.10 のようなグラフを描くことができる[9]。このとき直交 2 成分の比について $|E_y|/|E_x| = 0\,\mathrm{dB}$ であるならば，$|\delta - 90°|$ は約 $20°$（$70° < \delta < 110°$）まで許容でき，$\delta = 90°$ であれば $|E_y|/|E_x| = \pm 3\,\mathrm{dB}$ まで許容できることがわかる。

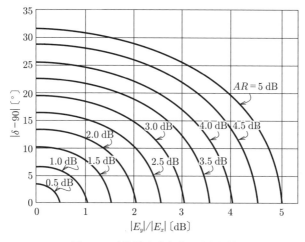

図 2.10 振幅比と位相差の許容誤差

2.9 反射および透過による偏波の変化

偏波の一般的な形としては楕円偏波で議論する。実際,直線偏波は軸比が無限大の場合であり,円偏波は軸比が1の場合である。円偏波を通信などで用いた場合,壁や地面などによる反射や透過などの影響は考慮すべきである。本節においては,異なる電気パラメータをもつ媒体が接する表面における反射が偏波に与える影響(depolarization または repolarization)について述べる。

2.9.1 定 式 化

この問題を述べるにあたって,電界の不連続表面における透過および反射の問題を平面波を用いた図 **2.11** のようなモデルで議論することにする。図のパラメータにおいて添字の p は紙面に対して平行な(parallel)成分を示し,s は垂直な(senkrencht)成分を示す。領域Iと領域II間のそれぞれの反射係数を R_p, R_s,透過係数を T_p, T_s とし,$R_p = R_s = 1$ または $T_p = T_s = 1$ とした場合,透過後および反射後の電界の向きは,図で描かれた向きが正の向きとなる。

54　　2. 円偏波の基礎

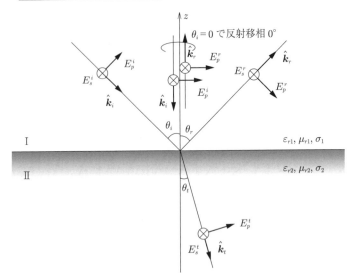

図 2.11　領域 I から領域 II への平面波の透過，反射のモデル

この場合，$\theta_i = \theta_r = 0$ の垂直入射に対しては，反射後の電界 E_p^r, E_s^r は入射波の E_p^i, E_s^i と同じ向きを保ちながら，伝搬方向が逆転し反射されることになる。一方で，$R_p = R_s = -1$ または $T_p = T_s = -1$ であるならば，反射および透過後の電界の向きは，図と逆転することになる。

つぎに，R_p, R_s, T_p, T_s はつぎのようなフレネルの式で表される[3]。

$$R_p = \frac{\eta_2 \cos\theta_t - \eta_1 \cos\theta_i}{\eta_2 \cos\theta_t + \eta_1 \cos\theta_i} \tag{2.41}$$

$$T_p = \frac{2\eta_2 \cos\theta_i}{\eta_2 \cos\theta_t + \eta_1 \cos\theta_i} \tag{2.42}$$

$$R_s = \frac{\eta_2 \cos\theta_i - \eta_1 \cos\theta_t}{\eta_2 \cos\theta_i + \eta_1 \cos\theta_t} \tag{2.43}$$

$$T_s = \frac{2\eta_2 \cos\theta_i}{\eta_2 \cos\theta_i + \eta_1 \cos\theta_t} \tag{2.44}$$

ここで，η_n $(n = 1, 2)$ はそれぞれの媒体における固有インピーダンスであり，つぎのように表される。

$$\eta_n = \sqrt{\frac{j\omega\mu_n}{\sigma_n + j\omega\varepsilon_0\varepsilon_{rn}}} \quad (n = 1, 2) \tag{2.45}$$

2.9 反射および透過による偏波の変化 55

この式より各媒質の電気定数を考慮できるが，例えば媒質 II が $\sigma_2 \to \infty$ の完全導体である場合，$\eta_2 \to 0$ であるために，$R_p = R_s = -1$ および $T_p = T_s = 0$ となる。また，入射角 θ_i を 0 から大きくしていくと，R_p が 0 になる角度 θ_B が存在する。この角度はブリュースター角（Brewster angle）として知られており，$\theta_i = \theta_B$ のとき $\hat{\boldsymbol{k}}_r \cdot \hat{\boldsymbol{k}}_t = 0$ となり，透過波と反射波はたがいに垂直になる。式 (2.41) より $R_p = 0$ と置き，$\mu_{r1} = \mu_{r2} = 1$，$\sigma_1 = \sigma_2 = 0$ を仮定すると，θ_B は

$$\theta_B = \tan^{-1} \sqrt{\frac{\varepsilon_{r2}}{\varepsilon_{r1}}} \tag{2.46}$$

と求められる。

いま，図 2.11 において紙面に平行および垂直な成分を仮定した場合，入射波 $\boldsymbol{E}^i = [E_p^i, E_s^i]^T$，反射波 $\boldsymbol{E}^r = [E_p^r, E_s^r]^T$ および透過波 $\boldsymbol{E}^t = [E_p^t, E_s^t]^T$ 間の関係は以下のとおりとなる。

$$\begin{bmatrix} E_s^r \\ E_p^r \end{bmatrix} = \begin{bmatrix} R_s & 0 \\ 0 & R_p \end{bmatrix} \begin{bmatrix} E_s^i \\ E_p^i \end{bmatrix} \tag{2.47}$$

$$\begin{bmatrix} E_s^t \\ E_p^t \end{bmatrix} = \begin{bmatrix} T_s & 0 \\ 0 & T_p \end{bmatrix} \begin{bmatrix} E_s^i \\ E_p^i \end{bmatrix} \tag{2.48}$$

つぎに，E_p と E_s は円偏波の二つの直交成分となりうる。これらの成分と E_L，E_R との関係は式 (2.15) より

$$\begin{bmatrix} E_L \\ E_R \end{bmatrix} = \frac{1}{\sqrt{2}} \begin{bmatrix} 1 & j \\ 1 & -j \end{bmatrix} \begin{bmatrix} E_s \\ E_p \end{bmatrix} \tag{2.49}$$

となる。よって，E_p と E_s は

$$\begin{bmatrix} E_s \\ E_p \end{bmatrix} = \frac{1}{\sqrt{2}} \begin{bmatrix} 1 & 1 \\ -j & j \end{bmatrix} \begin{bmatrix} E_L \\ E_R \end{bmatrix} \tag{2.50}$$

で表される。いま，円偏波の境界での反射について考える。円偏波の入射波 E_L^i，E_R^i と反射波 E_L^r，E_R^r との関係は，反射後の伝搬方向を考慮し，次式で表さ

56　　2. 円偏波の基礎

れる。

$$\begin{bmatrix} E_L^r \\ E_R^r \end{bmatrix} = \frac{1}{2} \begin{bmatrix} 1 & -j \\ 1 & j \end{bmatrix} \begin{bmatrix} R_s & 0 \\ 0 & R_p \end{bmatrix} \begin{bmatrix} 1 & 1 \\ -j & j \end{bmatrix} \begin{bmatrix} E_L^i \\ E_R^i \end{bmatrix} \tag{2.51}$$

$$= \begin{bmatrix} R_c & R_x \\ R_x & R_c \end{bmatrix} \begin{bmatrix} E_L^i \\ E_R^i \end{bmatrix} \tag{2.52}$$

ここで

$$R_c = \frac{1}{2}(R_s - R_p) \tag{2.53}$$

$$R_x = \frac{1}{2}(R_s + R_p) \tag{2.54}$$

である。このうち，R_c は円偏波の主偏波の反射係数であり，R_x は交差偏波の反射係数である。これらは，反射後に得られる楕円偏波を構成する E_L と E_R の結合係数を表し，その絶対値が大きいと該当するセンスの円偏波が強いことを表す。符号はそれぞれのセンスの円偏波の反射時の位相の反転を表すが，反射後に最終的に得られる軸比は二つの係数の大きさで決まる。一方，透過に関しては

$$\begin{bmatrix} E_L^t \\ E_R^t \end{bmatrix} = \frac{1}{2} \begin{bmatrix} 1 & j \\ 1 & -j \end{bmatrix} \begin{bmatrix} T_s & 0 \\ 0 & T_p \end{bmatrix} \begin{bmatrix} 1 & 1 \\ -j & j \end{bmatrix} \begin{bmatrix} E_L^i \\ E_R^i \end{bmatrix} \tag{2.55}$$

$$= \begin{bmatrix} T_c & T_x \\ T_x & T_c \end{bmatrix} \begin{bmatrix} E_L^i \\ E_R^i \end{bmatrix} \tag{2.56}$$

で表現される。ここで

$$T_c = \frac{1}{2}(T_s + T_p) \tag{2.57}$$

$$T_x = \frac{1}{2}(T_s - T_p) \tag{2.58}$$

である。このうち T_c は円偏波の主偏波に関する透過係数であり，T_x は交差偏波に関する透過係数である。これらは反射係数の場合と同様に，透過後に得られる楕円偏波を構成する E_L と E_R の結合係数を表す。

2.9.2 反射前後の円偏波の振舞いの変化

円偏波を用いた通信を想定した場合,反射を考慮することが多い。よって,円偏波が反射された場合の振舞いについて述べる。例えば,マイクロ波帯の電波の水面反射 ($\varepsilon = 81$) を想定し,紙面に対して平行な p 成分と垂直な s 成分の反射係数 R_p, R_s の θ_i への依存性をそれぞれ式 (2.41), (2.43) を用いて描くと,図 2.12 のようになる。この結果, $\theta_B = 84°$ の角度においては R_p が 0 になることがわかる。$\theta_i < \theta_B$ 方向においては,R_p, R_s 共に負の値となり,共に反射の際に位相が $180°$ 変化することを示す。しかしながら,$\theta_i > \theta_B$ においては,R_s は負のままであるが,R_p は正となることがわかる。

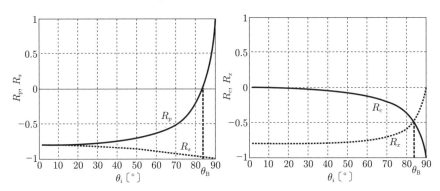

図 2.12 反射係数の入射角依存性 ($\varepsilon_1 = 1$, $\varepsilon_2 = 81$, $\sigma_1 = \sigma_2 = 0$, $\mu_1 = \mu_2 = 1$)

図 2.13 円偏波の主偏波および交差偏波に関する反射係数の入射角依存性 ($\varepsilon_1 = 1$, $\varepsilon_2 = 81$, $\sigma_1 = \sigma_2 = 0$, $\mu_1 = \mu_2 = 1$)

つぎに円偏波が入射波である場合を仮定し,反射前後の偏波の変化について入射角ごとに述べる。

〔1〕 $\theta_i = \theta_B$ の場合　図 2.12 においては,R_s が - の値をもつものの R_p の値は 0 になる。よって反射後は図の垂直成分のみをもつことになり,これは直線偏波であることを表している。このように θ_B の角度においては図に平行な成分は反射されないことがわかる。

また,R_c と R_x の θ_i への依存性を図 2.13 に示す。まず,$\theta_i = \theta_B$ おいては R_c と R_x が同じ値を示すが,これは主偏波と交差偏波の強さが同じ強さで反射

58   2. 円偏波の基礎

されることを示し，その合成は直線偏波となる。これは，図 2.12 において R_s のみが値をもち，s 成分のみが反射されて p 成分は反射されないからである。

〔2〕 **$\theta_i < \theta_B$ の場合**   つぎに $\theta_i < \theta_B$ においては，図 2.12 によると，R_p, R_s が共に負であることは，反射後の電界の向きが図の示す向きとすべて逆転することを表す。すなわち，E_s^r と E_p^r はすべて図 2.11 と比べて反対の向きになり，この振舞いはセンスが逆転することを示す。このとき，図 2.12 より入射角が大きく θ_B に近くなるにつれ R_s の絶対値が大きくなる傾向であることから，長軸は図に垂直な向きに近くなることがわかる。

また R_c および R_x は共に負の値をもつが，その絶対値は R_x のほうが大きく，反射後は交差偏波のほうが支配的になることを表している。これは，電界成分は垂直成分と水平成分がそれら間の位相差をほぼ保ちながらも，反射後においては共に $180°$ の位相変化が加わることを意味している。これに伝搬方向が反射後に逆転することを考慮すると，反射後の円偏波は伝搬方向に対するセンスが逆転することになる（円偏波のセンスの定義に注意）。

〔3〕 **$\theta_i > \theta_B$ の場合**   さらに $\theta_i > \theta_B$ においては，反射後においても主偏波のほうが支配的になることを示す。すなわち，反射後において E_s^r 成分は，図 2.11 と反転するが，E_p^r 成分は図の向きのままである。よって，反射の前後において円偏波のセンスは変わらない。また，R_c のほうが R_x より絶対値が大きく，入射波の主偏波が支配的であることを表す。

以上は反射前後のセンスの変化に関する議論であったが，つぎに反射後の軸比について述べる。入射波の円偏波の軸比が $0\,\mathrm{dB}$ であると仮定すると，反射後の円偏波の軸比 AR は式 (2.41), (2.43) より

$$AR = 20\log\left|\frac{R_p}{R_s}\right| \quad \text{〔dB〕} \tag{2.59}$$

で求められる。この AR の θ_i への依存性を**図 2.14** に示す。θ_i が $0°$ に近い場合センスが逆転する（交差偏波になる）ものの，反射波の軸比は $0\,\mathrm{dB}$ に近く円偏波に近い。しかし，θ_i が $45°$ 以上で AR は $3\,\mathrm{dB}$ を超える。また，この計算では，$45° < \theta_i < \theta_B$ の範囲では反射後の偏波は楕円偏波であり，$\theta_i = \theta_B$

2.9 反射および透過による偏波の変化

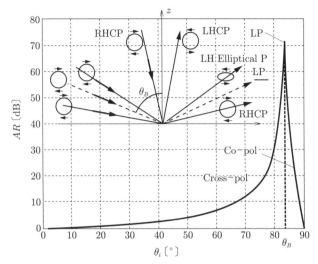

図 2.14 反射後の円偏波の軸比の入射角依存性($\varepsilon_1 = 1$, $\varepsilon_2 = 81$, $\sigma_1 = \sigma_2 = 0$, $\mu_1 = \mu_2 = 1$)

で軸比が最大となり直線偏波になる．このとき s 成分のみが反射されるために，反射後は s 方向の直線偏波である．さらに θ_i が大きくなり，ほぼ反射面と平行に近くなるほど AR は小さくなり，円偏波に近くなる．この場合，旋回方向は入射波と同じ（主偏波）である．以上の振舞いのイメージを図中に示している．ここで，入射波は RHCP と仮定している．

2.9.3 透過前後の円偏波の振舞いの変化

図 2.11 において境界を透過後の円偏波について述べる．図 2.15 に透過係数 T_s, T_p の入射角依存性を示すが，反射係数の場合と異なり，角度によらず符号はつねに正である．これは反射されずに境界を透過した成分による円偏波のセンスは変化しないことを示している．事実，図 2.16 においても T_x の絶対値は小さい一方，T_c は角度によらず正であり，主偏波が主に透過していることがわかる．このとき，T_x の値は T_c の値に比べると小さく，境界の透過後において円偏波のセンスの変化はないことがわかる．

透過後における軸比の入射角依存性を図 2.17 に示す．入射角が小さいうち

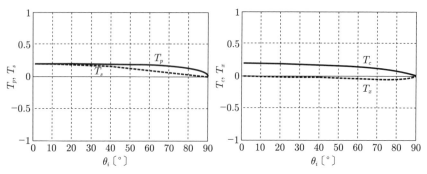

図 2.15 透過係数の入射角依存性（$\varepsilon_1 = 1$, $\varepsilon_2 = 81$, $\sigma_1 = \sigma_2 = 0$, $\mu_1 = \mu_2 = 1$）

図 2.16 円偏波の主偏波および交差偏波に関する透過係数の入射角依存性（$\varepsilon_1 = 1$, $\varepsilon_2 = 81$, $\sigma_1 = \sigma_2 = 0$, $\mu_1 = \mu_2 = 1$）

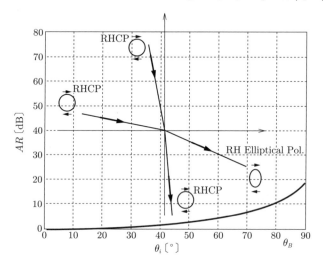

図 2.17 透過後の円偏波の軸比の入射角依存性（$\varepsilon_1 = 1$, $\varepsilon_2 = 81$, $\sigma_1 = \sigma_2 = 0$, $\mu_1 = \mu_2 = 1$）

は軸比はかなり小さいが，入射角が大きくなると，センスの変化はないものの軸比は大きくなる．このとき円偏波の長軸は，図 2.15 に示すように T_p のほうが T_s より若干大きくなることから，図の垂直方向かつ紙面に平行な方向に向くことがわかる．

引用・参考文献

1) IEEE Antennas and Propagation Society: "IEEE Standard Definitions of Terms for Antennas", *IEEE Standard* 145–2013 (Revision of IEEE Atd 145–1993) (2014)

2) H. Mott: "Polarization in Antennas and Radar", Wiley Interscience (1986)

3) W.L. Stutzman: "Polarization in Electromagnetic Systems", Artech House, Inc. (1992)

4) G. Stokes: "On the Compositional Resosution of Streams of Polarized Light from Different Sources", *Trans. Combridge Phil. Soc.*, Vol.9, Part3, pp.399–416 (1852)

5) 山口芳雄：「レーダポーラリメトリの基礎と応用 —偏波を用いたレーダリモートセンシング—」，電子情報通信学会 (2007)

6) G. Deschamps and P.E. Mast: "Poincare Sphere Representation of Partially Polarized Field", *IEEE Trans. Antennas and Propag.*, Vol.21, pp.474–478 (1973)

7) 石井 望：「アンテナ基本測定法」，コロナ社 (2011)

8) IEEE Antennas and Propagation Society: "IEEE Standard Test Procedures for Antennas", *IEEE Standard* 149–1979 (Reaffirmed 1990, 2003, 2008) (2008)

9) D. Pozer: "A Review of Bandwidth Enhancement Techniques for Microstrip Antennas", Microstrip Antennas (edited by D. Pozar and D. Schaubert), pp.157–166, IEEE Press (1995)

3章
円偏波アンテナの基本的構成

　円偏波は，直線偏波の励振に比べると少々複雑な励振方法が必要である．これまでさまざまな形状の円偏波アンテナが提案されているが，その構成は大きく分けて二つ考えられる．
1. 円偏波を発生させる基本構造をもつアンテナ．
2. 直線偏波を発生させる基本構造をもつアンテナに，円偏波を発生させる技術を適用したアンテナ．

　1.は基本構造は決まっており，構造パラメータのみうまく選べば円偏波が発生できるアンテナである．その代表格がヘリカルアンテナおよびスパイラルアンテナであり，螺旋状の放射素子から空間的に回転する電界を放射させるメカニズムをもつ．一般に，平行2線路のような開放された線路においては，実際には伝送の途中から少しずつ電波を放射している．線路が長いほどその放射量が大きくなるため，終端に達する電流の大きさは小さくなり，反射が小さくなるため進行波のみが存在しやすくなる．よって，広帯域なインピーダンス整合が可能になる．以上のような性質をもち，かつ放射しやすい構造をもつアンテナは**進行波アンテナ**（travelling wave antenna）と呼ばれる．進行波型アンテナの素子上の電流は，ある定点において位相が進んでいくが，この性質を螺旋状素子にうまく適用させることで円偏波を発生させることができる．

　一方，2.については等振幅で直交する二つの直線偏波に位相差90°を与えて円偏波を励振させる方式である．これらは，たがいに直交する直線偏波アンテナや，直交するモードに90°の位相差を与えて励振させ，円偏波を発生させる直交励振方式の他，直交する二つの独立したモードを同時に存在させ，それらの間に摂動を与えて90°の位相差を与える摂動励振方式がよく知られている．通常，直交励振は2点以上の給電点をもつため**2点給電法**，摂動励振はその給電点が1点であるため**1点給電法**ともよく呼ばれる．

　本章では，最初に上記1.のアンテナについて述べた後に，2.のアンテナについて扱う．

3.1 ヘリカルアンテナ

波長 λ に比べて十分長い導線は，進行波型のアンテナとしての特性をもつため広帯域なインピーダンス特性をもつが，大きなアンテナとなりがちであり，小型化のためには螺旋状に巻くことが考えられる[1),2)]。このようなアンテナをヘリカルアンテナ（helical antenna）という。ヘリカルアンテナの特性は，**表 3.1** のようなパラメータを使って説明されることが多い[3)]。

表 3.1 ヘリカルアンテナのパラメータ

N	ヘリカルアンテナの巻数
L_0	1 回巻部分の周囲長
D	ヘリカルの円形断面の直径
S	1 回巻部分間の距離
α	ピッチ角 $= \tan^{-1}(S/\pi D)$
L	全長 $= NS$

ヘリカル素子を円偏波アンテナとして使用するには，L_0 を波長に比べて十分小さくするか，波長程度の長さにする必要がある。これらのどちらかの条件に応じたヘリカルアンテナの円偏波放射の振舞いは，つぎに述べるように**ノーマルモード**（normal mode）と**軸モード**（axial mode）に分けられる。前者は軸方向（**図 3.1**(a) の z 方向）に対して垂直に放射する小形円偏波アンテナであり，後者は軸方向に平行に放射する広帯域円偏波アンテナとして分類できる。ヘリカルアンテナの給電方法についてはいくつか知られているが，**図 3.2**(a) のように，素子の端とグラウンドの間に給電する給電方法や，図 (b) のようなインピーダンス整合を考慮した不平衡給電方法[4)]，さらに図 (c) のように素子の中央に平衡給電する中央部給電の方法が知られている[5)]。中央部給電は，主にノーマルモードヘリカルアンテナの場合に使用される。

3. 円偏波アンテナの基本的構成

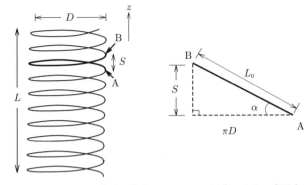

(a) ヘリカルアンテナ素子の構造　　(b) 1回巻ヘリカル素子を
　　　　　　　　　　　　　　　　　　　伸ばした状態

図 **3.1**　ヘリカルアンテナの構造

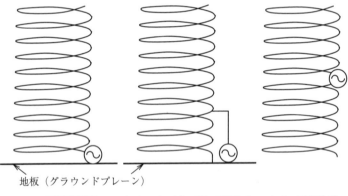

(a) 不平衡給電　　(b) インピーダンス整合を　　(c) 平衡給電
　　　　　　　　　　　考慮した不平衡給電

図 **3.2**　ヘリカルアンテナの主な給電構造

3.1.1　ノーマルモードヘリカルアンテナ

ヘリカルアンテナにおいてノーマルモードにより円偏波を発生させる場合

$$\pi D \ll \lambda \tag{3.1}$$

$$NL_0 \ll \lambda \tag{3.2}$$

を満たす小形ヘリカル素子を使用する．ヘリカルアンテナは，等価的には図

3.1 ヘリカルアンテナ

3.3(a)に示すとおり微小ダイポールと微小ループからなるアレー構造と考えることができる。すなわち図(b),(c)のような微小ダイポールの長さを S,微小ループの直径を D として考えることができる[2),3),6),9)]。

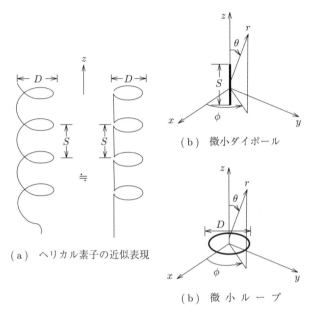

(a) ヘリカル素子の近似表現

(b) 微小ダイポール

(b) 微小ループ

図 3.3 ヘリカルアンテナの等価構造

長さ S の微小ダイポールの場合,遠方の距離 r ($\gg \lambda \gg S$) においては $E_r = E_\phi = 0$ と考えることができると共に,E_θ については式 (1.36) より遠方界のみを抜き出すと

$$E_\theta = -\eta_0 k \omega p_e \frac{e^{-jkr}}{4\pi r} \sin\theta \tag{3.3}$$

となる。また,同様に遠方において直径 D の微小ループから放射される電界の E_ϕ 成分は,式 (1.48) より

$$E_\phi = \eta_0 k^2 p_m \frac{e^{-jkr}}{4\pi r} \sin\theta \tag{3.4}$$

となる。ただし,真空中の誘電率 $\varepsilon = \varepsilon_0$ と透磁率 $\mu = \mu_0$ を用い,かつ $k = 2\pi/\lambda = \omega^2\sqrt{\varepsilon_0 \mu_0}$ を用いて $\eta_0 = \sqrt{\mu_0/\varepsilon_0}$ を含めた表現に書き換えてある。ま

66   3. 円偏波アンテナの基本的構成

た，p_e と p_m はそれぞれ電界によって働く電気双極子モーメントと磁界によっ
て働く磁気双極子モーメントの大きさであり，それぞれ

$$p_e = -j \frac{SI_0}{\omega} \tag{3.5}$$

$$p_m = \pi \left(\frac{D}{2} \right)^2 I_0 \tag{3.6}$$

である。

　直列に接続された微小ループと微小ダイポールには，式 (3.1) および式 (3.2)
より，それらの大きさが微小であることを考えると，それぞれに存在する電流 I_0
は同位相であると仮定できる。それにもかかわらずこれらの素子から放射され
る電界間に 90° の位相差が生じる理由は，それぞれの素子が電気双極子である
か磁気双極子であるかの違いによる。これらのモーメントは，それぞれ式 (3.5)
と式 (3.6) で表されるが，これらの比較から同位相の I_0 に対して p_e と p_m の位
相差は 90° であり，結果として E_θ と E_ϕ の間で 90° の位相差が生じることが
わかる。これは，微小ループは電流と同相で電界 E_ϕ が励振される一方で，微
小ダイポールにおいては電流と電界の位相差が 90° であるからである。この理
由は微小ダイポールが電気双極子と等価であるからである。

　電流が正弦波の時間変化をする場合，1.3.1 項での議論から長さ S の微小ダ
イポールの両端において

$$-Q = -\frac{I_0}{(j\omega)} \qquad \left(z = -\frac{S}{2} \right) \tag{3.7}$$

$$+Q = \frac{I_0}{(j\omega)} \qquad \left(z = \frac{S}{2} \right) \tag{3.8}$$

のように電荷が蓄積された電気双極子と等価であることを意味する[13]。よって，
長さ S の微小ダイポール素子に対する電気双極子モーメントは，電荷の流れる
変化量と電流が関係あるため式 (3.5) のようになり，式 (3.6) との比較からわか
るように，E_θ と E_ϕ 間に 90° の位相差が生じる。

　別のいい方をすれば，微小ダイポールは等価的にキャパシタと同じ性質をも
ち，微小ループは等価的にインダクタの性質をもつ。これらが直列に接続され

ているかぎり，これらに流れる電流は同位相であると考えられるが，微小ルー
プから発生する電界に比べて，微小ダイポールから発生する電圧または電界は
$90°$ の位相遅れが生じる。

これら微小ダイポールと微小ループの組合せで円偏波を発生させるために
は，式 (3.3) と式 (3.4) の振幅成分がたがいに等しくなればよい。すなわち，
$|E_\theta| = |E_\phi|$ より

$$\pi D = \sqrt{2S\lambda} \tag{3.9}$$

がノーマルモードによる円偏波発生のための条件となる。この条件は式 (3.1)
および式 (3.2) の関係を満たすときに有効である。このモードでは，$\pm z$ 方向を
除くドーナツ型の無指向性円偏波放射パターンをもつ。また，軸比 AR はつぎ
の式から求められる。

$$AR = \frac{(\pi D)^2}{2S\lambda} \tag{3.10}$$

式 (3.10) を満たさなければ偏波は楕円偏波となるが，その長軸は $\pi D > \sqrt{2S\lambda}$
のとき微小ループ素子と平行であり，$\pi D < \sqrt{2S\lambda}$ のとき微小ダイポールと平
行になる。

〔1〕 ノーマルモードヘリカルアンテナの入力インピーダンス　　つぎに，
ノーマルモードヘリカルアンテナの入力インピーダンスについて述べる。入力
インピーダンスの式については経験式も含めていくつか知られているが，中央
部に給電した場合について比較的妥当性が検証されている式を紹介する。まず，
入力インピーダンスの実部 R_r は，微小ダイポールについて R_{rD}[9]，微小ルー
プについて R_{rL}[10]，およびそれらを形成する導線の抵抗を R_l[9]とすると，次
式のようになる。

$$R_r = R_{rD} + R_{rL} + R_l \tag{3.11}$$

ここで

$$R_{rD} = 20\pi^2 \left(\frac{L}{\lambda}\right)^2 \tag{3.12}$$

68　　3.　円偏波アンテナの基本的構成

$$R_{rL} = 320\pi^6 \left(\frac{D}{2\lambda}\right)^4 N^2 \tag{3.13}$$

$$R_l = 0.6\frac{NL_0}{d}\sqrt{\frac{120}{\sigma\lambda}} \tag{3.14}$$

ただし，d は導線の直径である．R_l の式には 0.6 の係数が導入されているが，これは正弦波状の電流分布を考慮したものであり，その妥当性は確認されている[5]。

一方，アンテナの入力インピーダンス Z_{in} を

$$Z_{in} = R_r + j(X_L - X_C) \tag{3.15}$$

とすると，X_L についてはつぎの経験式が実験とよく一致することが知られている[11]。

$$X_L = \omega\frac{19.7ND_A^2}{9D_A + 20H_A} \times 10^{-6} \tag{3.16}$$

$$= \frac{600\pi \times 19.7ND^2}{\lambda(9D + 20L)} \tag{3.17}$$

ここで，ノーマルモードヘリカルアンテナは図 3.2（c）のように中央で給電される場合が多いことを考慮すると，中央の給電端子間の誘起電圧は，両端給電の場合の $1/N$ であるため，文献 11) の式における N^2 を N に変更している[5]。

また，X_C についてはつぎの式が発表されている[5]。

$$X_C = \frac{240\beta(1 - 2\alpha)\lambda L}{3.92\pi N(4.4\alpha L + D)} \tag{3.18}$$

ここで，ヘリカル素子付近の電界分布を考慮することで，$\alpha = 0.21$ とし，電気的エネルギーの広がりを考慮することで $\beta = 7.66$ とすると，実際のヘリカル素子を用いた実験結果とよく一致することが示されている[5]。

以上のように，X_L と X_C がわかればヘリカル素子の自己共振周波数がわかる。すなわち，$X_L = X_C$ の関係より自己共振式を最終的につぎのように与えることができる。

$$\frac{600\pi \times 19.7ND_\lambda^2}{9D_\lambda + 20L_\lambda} = \frac{279L_\lambda}{N\pi(0.92L_\lambda + D_\lambda)^2} \tag{3.19}$$

ここで，$D_\lambda = D/\lambda$，$L_\lambda = L/\lambda$ である．よって，この式はアンテナの構造パラメータである D と L が波長で規格化される形となっており，どの周波数においてもこの関係を満たすように D や L を選ぶことができる．また，文献 5) において，この式と電磁界シミュレーションとの比較が検証されているが，本章で述べた X_L および X_C を用いた式 (3.19) の共振式は，文献 9) で紹介されている式の場合に比べてよい一致を見せている．

〔2〕 ノーマルモードヘリカルアンテナの給電　　ノーマルモードヘリカルアンテナにおいては，D と S の関係が式 (3.9) を満たす必要がある．一方，その給電に関しては軸に垂直な方向に円偏波を放射するために，地板を伴った不平衡給電より図 3.2 (c) のような地板のない平衡給電の方法がよく使用される．また，基本的にノーマルモードヘリカルアンテナは小形アンテナであり，入力インピーダンス中の放射抵抗は低い．しかし，実際には $50\,\Omega$ 系で給電する場合が多く，図 3.4 (a) のような T 型整合回路を設けたり[12]，図 (b)，(c) のようにコイルの途中または終端から給電する方法がよく知られている[5]．

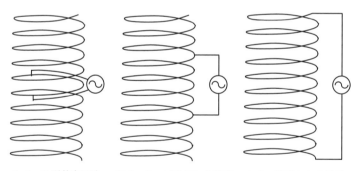

(a) T 型整合回路による給電　　(b) タップを用いた給電　　(c) 終端からの給電

図 3.4　ノーマルモードヘリカルアンテナの給電方法

〔3〕 設 計 例　　つぎに，円偏波をノーマルモードで放射するためのヘリカル素子の設計について述べる．今回，動作周波数を $f_0 = 1\,\mathrm{GHz}$ ($\lambda = 30\,\mathrm{cm}$) とし，つぎの手順で D, S, N を決定する．

1) $D = 10\,\mathrm{mm}$ とし,式 (3.9) より $S = 1.6\,\mathrm{mm}$ を得る。
2) 求めた D と S を用いて,式 (3.19) を満たすには $N = 3.1423$ を決定する。
3) 求めた D, S, N が式 (3.1), (3.2) を満たしているか確認をする。
4) 必要に応じて D を変更し,1)〜3) を繰り返す。

以上のように求めたシミュレーションモデルを図 3.5 に示す。さらに今回のモデルにおいては,特に図 3.4 のようなインピーダンス整合は行わず,図 3.2 (c) のような中央給電とする。なお,素子の直径について実用的なものを想定して 1 mm とし,給電ポートのインピーダンスは 1 Ω と低い値とし,用いる導体は完全導体とした。

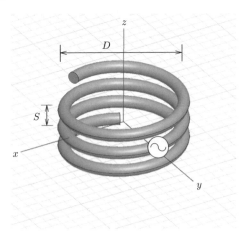

図 3.5 ノーマルモードヘリカルアンテナの
シミュレーションモデル

図 3.6 に入力インピーダンスを示す。$N = 3.1423$ のとき,$1.01\,\mathrm{GHz}$ 付近で虚部が $0\,\Omega$ となっており,この自己共振周波数は設計周波数の $1\,\mathrm{GHz}$ にきわめて近い。実部 R_r に関しては式 (3.11) で約 $0.3\,\Omega$ と求められるのに対し(ただし,完全導体のため $R_l = 0\,\Omega$),約 $0.7\,\Omega$ となった。参考までに $N = 3$ と整数にした場合,共振周波数は $1.05\,\mathrm{GHz}$ 付近となり,このときの R_r も約 $0.7\,\Omega$ である。

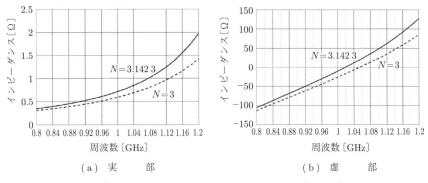

(a) 実部　　　　　　　　　　(b) 虚部

図 3.6　設計したノーマルモードヘリカルアンテナの入力インピーダンス

図 3.7 に共振周波数における放射パターンを示す。軸方向が z 方向であるが，軸と垂直方向の xy 面においては，円偏波（RHCP）のオムニ指向性（4.4節 参照）が見られる。一方で軸方向（z 方向）には放射はない。xy 面内において交差偏波は主偏波に比べて $-15\,\mathrm{dB}$ 以下と十分低く $AR = 3\,\mathrm{dB}$ 以下の円偏波が確認できる。ただし，交差偏波は給電部がある $+z$ 方向のほうにやや強い。給電部のインピーダンスはここでは $1\,\Omega$ としているが，アンテナ利得は最大で $-6\,\mathrm{dBic}$ 程度である。

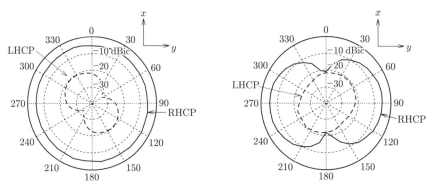

図 3.7　ノーマルモードヘリカルアンテナの放射パターン

3.1.2 軸モードヘリカルアンテナ

軸モードヘリカルアンテナは，周囲長が1波長程度のループ素子からなるアレーアンテナと考えることができる．このモードでは巻数はノーマルモードに比べて多くなり，アンテナ素子を引き延ばした全長は数波長になるため，素子上には給電点から先端に向けて流れる電流は進行波となる．よって，軸モードアンテナは広帯域アンテナである．ここでは，周囲長が1波長程度のループアンテナ素子の動作について説明し，それにつづき軸モードによる円偏波の発生について述べる．

ループアンテナは，周囲長が1波長程度であるかぎり形状によらずたがいに似た特性をもつことが知られている[8]．ここでは，四辺の長さが等しい正方形ループアンテナについて説明する．いま，xy面内に置かれた正方形ループについて考える．この各辺について，図 3.8 のように #1, #2, #2′, #3 のような名前をつけると共に，#1 の中点に給電点を設けることにする．このとき，各辺上の電流はそれぞれ

$$I_1(x) = I_0 \cos \beta x \qquad \left(|x| < \frac{L_l}{2}\right) \tag{3.20}$$

$$I_2(y) = I_2'(y) = I_0 \cos \beta (L_l + y) \qquad \left(|y| < \frac{L_l}{2}\right) \tag{3.21}$$

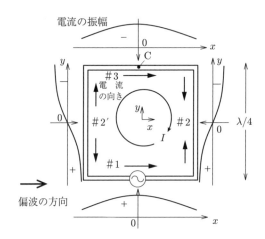

図 3.8　正方形ループアンテナと電流分布

$$I_3(x) = -I_0 \cos \beta x \qquad \left(|x| < \frac{L_l}{2} \right) \tag{3.22}$$

のように与えられ，それぞれの分布は図 3.8 のように表される。ただし，$\beta = 2\pi/\lambda$ である。

ここで，ループの周囲長について $4L_l = \lambda$ を考えていることから，式 (3.20) と式 (3.22) にて，$L_l = \lambda/4$ を代入すると

$$I_1(x) = -I_3(x) \tag{3.23}$$

となり，たがいに絶対値が等しく，かつ位相差が $180°$ であることがわかる。これらの電流の向きについて図 3.8 に ＋，－ の記号で表現している。電流の流れる向きについて，図のように I の向きを基準に考えた場合，この位相差を考慮すると式 (3.23) の関係であっても I_1 と I_3 は同じ向きに流れていることがわかる。この様子を ＃1 と ＃3 上の矢印で示している。各辺の長さが $L_l = \lambda/4$ であることを考えると，以上の議論から ＃2 と ＃2′ 上の電流の向きは図 3.8 のようになり，各辺の中点で符号が逆転する形となる。

以上の振舞いから，＃2 と ＃2′ 上からは各電流からの放射はたがいに打ち消し合うため放射への寄与はなく，＃1 および ＃3 の素子は同相で給電された素子間距離を $\lambda/4$ とする 2 素子のアレーに相当する。よって放射方向は $\pm z$ 方向であり，放射される電波は x 方向に平行な直線偏波である。

これまでのループアンテナの議論は，円形ループ素子においても成立する。すなわち給電点付近の電流の方向に直線偏波され，ループの中心に対して給電点付近と反対側の点 C においては，電流の向きが逆でかつ位相が $180°$ 遅れるため同相となる。

話を軸モードのヘリカルアンテナへ戻す。軸モードにおいては L_0 を波長程度とすることが前提であるため，ループ素子についてはこれまでの議論が基本であるが，一方で軸モードのヘリカルアンテナにこのループ素子を適用する場合，このアンテナのもつ二つの特徴について注目すべきである。一つはループと微小ダイポールの組合せによる単素子がエンドファイヤアレーになっている

3. 円偏波アンテナの基本的構成

点であり，もう一つは素子上に流れる電流は進行波の性質をもつ点である。

まず軸モードヘリカルアンテナはループ素子のアレー構造と考えることができる。N 個の大きさの無視できる無指向性アンテナ（点波源とみなしてよい）が直線状に並んでいる場合を図 3.9 に示す。また，各アンテナから放射される電界を $E_0, E_1, \ldots, E_{n-1}$ とすると，このアレーアンテナによる合成電界はアレーファクタに等しく，つぎのように表される。

$$E = \sum_{n=1}^{N} E_n \exp\{-j(\beta d \sin\theta + \delta_n)\} \tag{3.24}$$

ここでアレーは等間隔 d で並んでいるとする。このアレーアンテナの指向性が，ある特定の角度 θ_0 にて最大であるためには

$$\beta d \sin\theta_0 + \delta_1 = \beta d \sin\theta_0 + \delta_2 = \cdots = \beta d \sin\theta_0 + \delta_N = 0 \tag{3.25}$$

の条件が満たされればよい。よって各アンテナ素子に与える位相は，δ_1 を基準とすると

$$\delta_n = -\beta(n-1)d\cos\theta_0 \quad (n = 2, \ldots, N) \tag{3.26}$$

となる。これを用いてヘリカルアンテナが軸方向に放射する条件について，つ

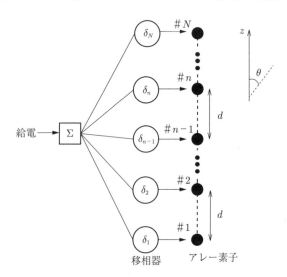

図 3.9 点波源のアレー構造

ぎに述べる。

ヘリカルアンテナのピッチが S であるとき，軸方向に最大の指向性を得るエンドファイヤの放射指向性としたい。そのため，各素子間の位相差 $\delta = \delta_{n+1} - \delta_n$ は式 (3.26) を $\theta_0 = 0$ とし

$$\delta = -\beta S \tag{3.27}$$

とする必要がある。この条件は各素子の大きさを無視した議論であるが，各素子はヘリカルアンテナにおいてはこれまで述べたとおり各ループ素子の周囲長 πD が λ であり，かつ長さ S の微小ダイポール素子と直列に接続された構成となる。よってヘリカル素子がこれらのアレーであるならば，軸モードのためには πD と S の和の長さによって隣接するヘリカルのループとの位相差が $2m\pi$ となり，式 (3.26) はつぎのように書き換えられる。

$$\delta = -(\beta S + 2\pi m) \tag{3.28}$$

したがって，式 (3.28) がヘリカルアンテナで軸モードが得られるために必要な位相差 δ である。ここで，m は自然数であるが，ほとんどの場合においてヘリカルのループを必要以上に大きくする必要はないため，通常は $m = 1$ としてよい。また，$m = 0$ の場合についてはモノポール素子に相当するため考慮しない。

また，ヘリカル素子が螺旋構造であるならば，伝わる電磁波が真空中で光速より遅い伝搬速度となる遅波構造である。そこで，ヘリカル上の伝搬速度 v に対する伝搬定数を $\beta_h = 2\pi/\lambda_h = \omega/v$ とすると，L_0 を考慮したヘリカル間の位相差は $\beta_h L_0$ となる。よって，式 (3.28) を考慮するとヘリカルアンテナが軸モードとして動作する条件が求まり

$$\beta_h L_0 = \beta S + 2m\pi \tag{3.29}$$

より

$$p = \frac{L_0/\lambda}{S/\lambda + m} \tag{3.30}$$

が求められ，これが軸モードであるための条件となる。ただし，$p = \lambda_h/\lambda$ である。

一方，N が十分大きい場合，隣り合う素子間の位相差を $2m\pi$ から $2m\pi + \pi/N$ とし，すなわちヘリカルの両端間の位相を π ずらすことで，よりビームの鋭い軸方向への放射が得られることが知られている。この条件はハンセン・ウッドヤード（Hansen–Woodyard）の放射条件[14]と呼ばれており，式 (3.29) についてはつぎのように書き換えることができる。

$$\beta_h L_0 = \beta S + \left(2\pi m + \frac{\pi}{N}\right) \tag{3.31}$$

よって，p はつぎのようになる。

$$p = \frac{L_0/\lambda}{S/\lambda + \dfrac{2mN+1}{2N}} \tag{3.32}$$

特に，$m = 1$ のときはつぎのようになる。

$$p = \frac{L_0/\lambda}{S/\lambda + \dfrac{2N+1}{2N}} \tag{3.33}$$

最終的に S と D の関係を表現する。図 3.3 より $L_0^2 = S^2 + \pi^2 D^2$ であることを考慮すると，軸モードであるための条件として

$$\pi D = \sqrt{(p^2 - 1)S^2 + 2mp^2 S\lambda + m^2 p^2 \lambda^2} \tag{3.34}$$

が求まる。また，式 (3.34) 中の m を $(2mN+1)/(2N)$ と置き換え

$$\pi D = \sqrt{(p^2 - 1)S^2 + 2p^2 S\lambda \frac{2mN+1}{2N} + \left(p\lambda \frac{2mN+1}{2N}\right)^2} \tag{3.35}$$

とすれば，ハンセン・ウッドヤードの放射条件を満たす設計となる。

以上のように軸モード円偏波を発生させる条件について述べたが，ハンセン・ウッドヤードの放射条件に関するさらに詳しい考察については，例えば光速に対する相対位相速度と N との関係などに注目して解析した論文[15]が発表されており，興味深い。

ヘリカルアンテナの軸モード動作について，これまでアレー構造の観点から

議論してきた。これは主にヘリカルの軸方向を最大の放射方向とする議論であるが，放射に寄与するのはループ素子である。ただし周囲長が λ のループアンテナ素子はこれまで述べたように基本的には直線偏波を励振するが，単素子で動作するかぎり素子上の電流は定在波となる。一方，軸モードが円偏波であるためには，ループ素子を直列アレーにしてエレメント長を長くし，進行波で励振する必要がある。この点が直線偏波の単素子ループアンテナとの違いである。よって軸モードのヘリカルアンテナの場合，その基本構造で円偏波の発生が可能である。ここでは，進行波のみが存在しているという前提の下，1回巻のループ素子における円偏波の発生原理を説明する。

まず，$V(t) = V_0 \cos \omega t$ の電圧で給電すると仮定する。図 3.8 を用いた説明を円形ループに適用させて議論すると，$\omega t = 0°$ においては，**図 3.10**（a）の

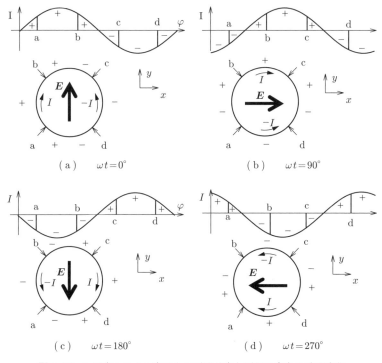

図 3.10 1回巻ヘリカル素子上の電流分布と電界の向きの時間変化

78　　3. 円偏波アンテナの基本的構成

ようにa–b間の中央において電流の値が最大となり，偏波の向く方向は図の y 方向となる。図 3.8 と対比して考える場合，a–b間中央が図 3.10 の給電位置に相当すると考えてよい。つぎに，$\omega t = 90°$ のとき，a–b間中央の電圧は 0 であるが，このとき電流が最大であった箇所（給電点に相当）は，素子の円周に沿って 90° 回転することになる。よって，電流の分布は図 (b) のようになると考えられ，結果として偏波の向きは図 (a) のときに比べて 90° 傾き x 方向を向く。さらに，$\omega T = 180°$ の場合は図 (c) のようになるが，$\omega T = 0°$（図 (a)）の場合と比べて電流の向きがすべて逆になるため，偏波の向きは $-y$ 方向を向く。同様に $\omega T = 270°$ のとき，図 (d) のようになり，偏波は $-x$ 方向を向く。以上のように偏波の回転が起こり円偏波が発生するのは，素子上の電流が進行波であるからである。仮に定在波であるならば，素子上の位相分布は一定であり，電流については振幅の増減が見られるだけで円偏波にはならず，直線偏波となる。また，軸方向に放射する条件 (3.30) を満たすかぎり，すべてのループ素子上において，偏波の向きはすべてのループ素子において同じ方向を向くことになる。さらに，すべての素子に進行波が乗るために，インピーダンスは広帯域となり，**AR** 特性も同様に広帯域となる。

軸モードヘリカルアンテナの設計に関しては設計公式がいくつか知られている[2)]。まず，ヘリカル素子については，式 (3.34) を満たすために

$$N > 3 \tag{3.36}$$

$$12° < \alpha < 14° \tag{3.37}$$

$$\frac{3}{4}\lambda < C < \frac{4}{3}\lambda \qquad (C = \pi D) \tag{3.38}$$

のように選ぶのがよいとされている。また，入力インピーダンスは 100〜200 Ω 程度になる場合が多い。よって，50 Ω との整合を考える場合は，給電部の工夫や入力インピーダンスの変換が必要である。軸モードの入力インピーダンスはほぼ純抵抗となり，実部 R 〔Ω〕は

$$R \simeq 140\frac{C}{\lambda} \tag{3.39}$$

として 20% 程度の精度で求められる。また，放射パターンに関するパラメータについても公式がいくつか知られており，**ビーム半値幅**（half power beam width）$HPBW$〔°〕に関しては

$$HPBW \simeq \frac{52\lambda^{3/2}}{C\sqrt{NS}} \tag{3.40}$$

となる。また，指向性パターン上の**ヌル間のビーム幅**（first null beam width）$FNBW$〔°〕は

$$FNBW \simeq \frac{115\lambda^{3/2}}{C\sqrt{NS}} \tag{3.41}$$

であり，さらに**指向性利得**（directivity）D_0 は

$$D_0 \simeq \frac{15NC^2S}{\lambda^3} \tag{3.42}$$

となる。さらに，円偏波の評価として重要な軸比 AR については

$$AR = \frac{2N+1}{2N} \tag{3.43}$$

となることが知られている。

つぎに軸モードヘリカルの設計例を示す。設計の条件として動作周波数 $f_0 = 1\,\mathrm{GHz}$（$\lambda = 300\,\mathrm{mm}$），$m = 1$ および $N = 10$ とする。ヘリカル素子の設計には，つぎの手順で D と S を求める。

1. ヘリカルを構成する等価的ループ素子の周囲長 $C = \pi D = \lambda$ と考えると，$D = 300/\pi = 95.49$〔mm〕が求められる。

2. ピッチ角を $\alpha = 13°$ とすると，$S = C\tan 13° = 0.231\lambda$ となる。

1 回巻の素子長 L_0 は，$L_0 = \sqrt{C^2 + S^2} = 1.0263\lambda$ が求められ，$N = 10$ のとき全長は約 10 波長に及ぶ。また，同時に $p = 0.8337$ の遅波構造である。以上の設計に基づいた軸モードヘリカルアンテナを図 **3.11** に示す。地板の半径は 180 mm であり，線路の半径は 0.4 mm である。また，使用している金属素子は，ここでは銅（導電率 $\sigma = 5.8 \times 10^7\,\mathrm{S/m}$）としている。

図 **3.12**（a）に入力インピーダンス特性を示す。0.6〜0.75 GHz 付近まではいくつか共振が見られるが，0.72 GHz 付近以上の周波数になると，式 (3.39)

3. 円偏波アンテナの基本的構成

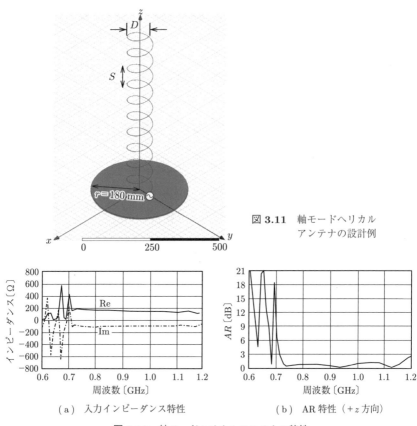

図 3.11 軸モードヘリカルアンテナの設計例

(a) 入力インピーダンス特性　　(b) AR 特性（+z 方向）

図 3.12 軸モードヘリカルアンテナの特性

に見られるとおり，入力インピーダンスは周波数に関して 140 Ω 程度で一定となる．この帯域においては素子上の電流は進行波として乗っていると考えることができる．図 (b) には +z 方向の AR 特性を示す．0.72 GHz 以上の周波数になると AR が 3 dB 以下になり，1.2 GHz まではほとんどの周波数で 1 dB 程度の低い AR が広帯域にわたり，この帯域では素子上の電流は進行波であると考え，その動作は，設計周波数に対し $f_0 \pm 200$ MHz 程度の広い帯域にわたる．この図においても，AR が低くなる 0.72 GHz 付近以下の低い周波数においては AR の上下が激しいが，この帯域のインピーダンスと同じように共振の影響と考えられる．

つぎに，$f = 1\,\mathrm{GHz}$ 付近の放射パターンを図 **3.13** に示す。この構造は図 3.11 の $+z$ 方向に対して右回りに旋回しているが，$+z$ 方向に対して RHCP を放射していることがわかる。利得に関しては，ボアサイト方向（$+z$）に $12\,\mathrm{dBic}$ と比較的高い値を示している。また，HPBW については式 (3.40) で求められる値 $34.2°$ に近い。

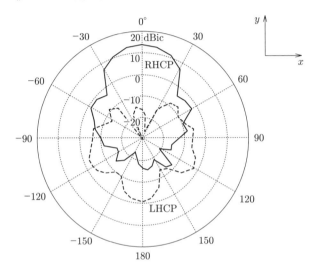

図 **3.13** 軸モードヘリカルアンテナの放射パターンの例

3.2 スパイラルアンテナ

スパイラル曲線とは，曲線の半径が角度の関数として変化する曲線である。この曲線を素子に用いたアンテナは**スパイラルアンテナ**と呼ばれ，ダイポールアンテナを渦巻き状に巻いた構造が基本であるが[16]，広帯域なインピーダンス特性をもつと共に，広帯域にわたって低い AR が実現できる。その原理は軸モードのヘリカルアンテナと似ているところがあり，進行波を用いたアンテナと同じである。スパイラルアンテナはスロット構造のものもあるが，線状素子のほうがよく使用されているようであり，プリント基板上に素子を作成することもできる。

アンテナの素子の長さが無限長であれば素子上で反射波は存在しないので，原理上入力インピーダンスは周波数の関数ではなく一定となる．本節では，スパイラルアンテナの広帯域なインピーダンス特性は進行波による動作というだけでなく，その設計にも関係することを述べ，つぎに，なぜ広帯域にわたって円偏波の送受信が可能なのかについての，原理や考え方について述べる．

3.2.1 自己補対構造

スパイラルアンテナは代表的な広帯域円偏波アンテナである．その広帯域にわたってほぼ一定に近い入力インピーダンスを保持するのは，進行波アンテナであることがその一つの理由であるが，**自己補対**（self–complementary）**構造**であることがもう一つの理由である．自己補対アンテナについての理論を厳密に述べるには本来深いアプローチが必要であるが[17]，本節では概略のみ説明する．図 **3.14** のアンテナは，A–A′ から成り立つ部分素子が金属素子であり，B–B′ から成り立つ開口部分と同じ形をしている．A–A′ 素子に注目すると，図中の a–b 間に給電したダイポールアンテナを考えることができ，そのインピーダンスを Z_d とする．一方で，a–b 間は開口部分 B–B′ をもつスロットアンテナの給電部分とも考えられるが，このときのインピーダンスを Z_s とする．もし，金属部分の面積が無限だとすると，$Z_d = Z_s$ の関係が成り立ち，同時に

$$Z_d = Z_s = \frac{\eta_0}{2} \tag{3.44}$$

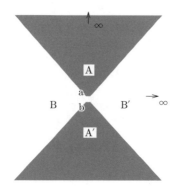

図 **3.14** 自己補対構造

を満たすことが知られており，これは周波数に関係なく一定となる．ただし，$\eta_0 = \sqrt{\mu_0/\varepsilon_0} = 120\pi\,[\Omega]$ は真空中の固有インピーダンスである．このような自己補対の形状はスパイラルアンテナの広帯域特性に生かされることになる．

3.2.2 スパイラル曲線

まず，**スパイラル曲線**の話から始めるとする[2),18)]．この曲線は曲線の半径が角度の関数として変化する曲線である．一般に，半径 r と角度 θ との関係が

$$r = f(\theta) \tag{3.45}$$

のような関数であれば，スパイラル曲線に沿った長さ L は以下のとおりとなる．

$$L = \int_0^\theta \sqrt{\left(\frac{dr}{d\theta}\right)^2 + r^2}\, d\theta \tag{3.46}$$

本節では，等角スパイラル曲線とアルキメデススパイラル曲線をそれぞれ用いたアンテナについて紹介する．

図 **3.15** のようなスパイラル曲線を考える．この曲線では半径が

$$r = r_0 e^{a\theta} \tag{3.47}$$

で与えられており，角度が θ の位置の半径の比

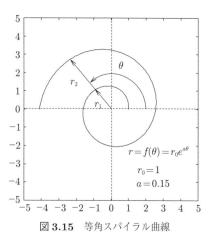

図 **3.15** 等角スパイラル曲線

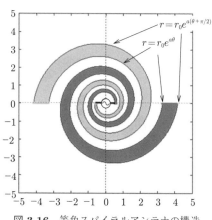

図 **3.16** 等角スパイラルアンテナの構造
($0 \leqq \theta \leqq 720°$, $r_0 = 0.5$, $a = 0.15$)

$$\frac{r_2}{r_1} = e^{2\pi a} \tag{3.48}$$

がつねに一定 ($= e^{2\pi a}$) となる．このようなスパイラル曲線を**等角スパイラル** (equiangular spiral) という．

等角スパイラルアンテナ[18]の形状は式 (3.47) のような角度の関数で半径が表現される．つぎに，この関数を用いた等角スパイラルアンテナの素子形状についてその一例を図 **3.16** に示す．この図はダイポールアンテナのような不平衡なアンテナ素子を仮定しており，中央のギャップが給電点になる．図中の塗りつぶし部分（2 種類）は導体部分であり，その両端は

$$r = r_0 e^{a\theta} \tag{3.49}$$

$$r = r_0 e^{a(\theta + \pi/2)} \tag{3.50}$$

である．ただし，$0 < \theta < 720°$ とし，さらに $r_0 = 0.5$, $a = 0.15$ とし，同じ形状の二つのアンテナの素子の形成のためには，一つを 180° 回転させてもう一つの素子としている．この形状の場合，導体部分と開口部分（導体のない部分）が原則同じ形状であるために，波長に比べて素子の長さが十分長いと考えれば，自己補対の形となり広帯域なインピーダンス特性をもつ．また，素子の長さが十分長ければ，素子を流れる電流は進行波となり広帯域な円偏波特性を示すが，反射波をなくすために，実際には図 **3.17** のごとく二つの先端にそれぞれテーパ状の素子を追加することが多い．

図 **3.17** 先端にテーパ状素子を設けた等角スパイラルアンテナの例

入力インピーダンスは，式 (3.44) で示したように 100 数十 Ω となる。また，スパイラルの巻数は下限の周波数で周囲長が 1 波長よりやや長いほうがよい。これにより，素子と垂直な方向には広帯域な円偏波が発生する。

円偏波に関しては，素子長が波長に近くなるとダイポールアンテナと同様な直線偏波となるが，周波数が高くなると楕円偏波を経て円偏波になる。よって，円偏波アンテナとしては下限の周波数があると考えることができる。

また，この形状のアンテナは周波数に関してほぼ一定のインピーダンスを保つことができるが，その特性を実現できる下限周波数があり，それは，式 (3.46) で求められる長さ L が波長に近い周波数付近となる。また，スパイラルアンテナは 2 素子や 4 素子で構成される場合が多いが，それらは平衡給電になる。よって，同軸ケーブルなどの不平衡のケーブルから給電する場合，バラン（平衡・不平衡変換器）の性能によって帯域が制限される。よって，広帯域アンテナとして使用する場合，バランが広帯域特性をもつ必要がある。

一方で，半径が

$$r = r_0\theta \tag{3.51}$$

で与えられるとき，半径の差が次式のように一定となる。

$$r_2 - r_1 = 2\pi r_0 \tag{3.52}$$

このようなスパイラル曲線を，**アルキメデススパイラル**（Archimedean spiral）という。等角スパイラルは半径の比が一定であったが，**図 3.18** に示すアルキメデススパイラルは半径の差が一定というところが異なる。

図は細い曲線で描かれているが，アンテナに使用する場合には，線状素子の太さを考慮すれば，等角スパイラルと同様に素子部分と開口部分の形状が同じになる。アルキメデススパイラルアンテナ[19]の構造の例を**図 3.19** に示す。

図 3.19 は，図 3.18 と同じ関数であるが，曲線の太さが異なることと，平衡給電にするために同じ関数のもう一つの素子を 180° 回転させて追加してある。曲線が太くなったために素子部分の開口部分は素子と素子間の隙間がほぼ同じ

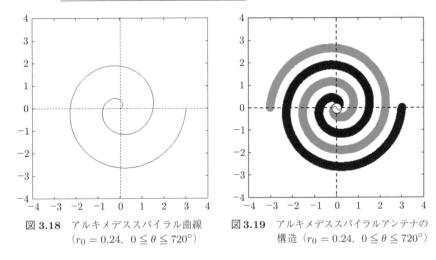

図 3.18 アルキメデススパイラル曲線 ($r_0 = 0.24$, $0 \leq \theta \leq 720°$)

図 3.19 アルキメデススパイラルアンテナの構造 ($r_0 = 0.24$, $0 \leq \theta \leq 720°$)

形状になっており，広帯域なインピーダンス特性を示す．また，等角スパイラルの場合と同じであるが，素子の全長は波長に比べて長く進行波が励振される．

3.2.3 スパイラル素子からの円偏波の放射

スパイラルアンテナは，広帯域な周波数にわたって比較的一定のインピーダンスをもつことができると同時に，構造的に円偏波の送受信が可能なアンテナである．スパイラルアンテナが円偏波アンテナであるためには，素子の全長が波長に対して十分長く進行波が存在すること（スパイラルモードが存在するともいう）が必要である．仮に，2素子からなるスパイラルアンテナにおいて，一素子辺りの長さが4分の1波長であった場合，給電点付近の強い電流が放射に寄与するが，電界の回転に結び付かないため直線偏波になる．よって，本節においては，2素子のスパイラル素子が平衡給電されることを前提に，アルキメデススパイラルアンテナを例に，円偏波が放射される原理について述べる[19]．これに関する説明は，**放射リング理論**（radiating ring theory）または**バンド理論**（band theory）として知られている[20]．

図 3.20 を用いて，アルキメデススパイラルアンテナによる動作を説明する．給電は図の A^+–A^- 間に平衡給電されるとすると，二つのスパイラル素子に流

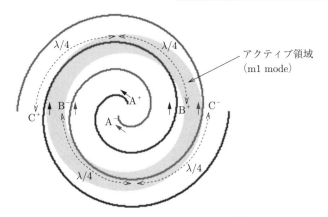

図 **3.20** スパイラルアンテナの動作

れる電流は A^+ と A^- 間で位相が $180°$ 異なり，かつそれぞれの給電点から電流を流す方向が逆であるので，給電点付近で電流の向きは同じになる．A^+ から電流が素子に沿って流れるが，図の B^+ における電流については，$\lambda/2$ だけ先のほうにある C^+ における電流との間に $180°$ の位相差がある．よって，スパイラル素子の形状を考慮すると B^+ と C^+ における電流の向きは，同じになる．同様に，A^- から流れる電流について B^- と C^- における電流の向きを考えると，これらは同じ向きに揃う．

つぎに，B^+ と C^-，あるいは B^- と C^+ のような隣り合う素子上の電流の向きについて考える．スパイラル線状の隣り合う素子の周囲長はほぼ同じであると考えると，B^+ と B^- 間，および C^+ と C^- 間においても，位相差は $180°$ である．よって，B^+, B^-, C^+, C^- の直線上に並んだこの4点においては，いずれも電流は同じ向きに揃うと考えられ，特に隣り合う2素子間の電流は強め合って強い放射が起こる．この様子は，給電点を中心として B^+–C^- 間，および B^-–C^+ 間の領域を通る円形の領域が，周囲長 λ のループアンテナとして動作している**アクティブ領域**（放射リング）として働く．この領域（band）におけるモードについては，給電された電流の向きが最初に揃う領域であるため，**m1 モード**と呼ばれる．そのおよその場所は図 3.20 において薄く塗りつぶして示してある．また，スパイラル素子が十分な大きさをもっているならば，周囲

88　　3.　円偏波アンテナの基本的構成

長が 3λ である **m3** モードの領域も同様の原理に基づき存在する。ただし，周囲長 2λ となる **m2** モードは，電流の強い部分同士が打ち消し合い放射に寄与しない。

このアクティブ領域は，基本的にループアンテナとしての動作と同じである。すなわち素子上の電流が進行波であれば，図 3.10 でのヘリカルアンテナの軸モードでの説明と同じ原理で円偏波を放射する。すなわち，スパイラル構造においてもループ素子として動作するアクティブ領域が存在する[21]。また，このアクティブ領域の直径は周波数に依存する。つまり，周波数が低ければアクティブ領域の直径は大きくなり，高いと小さくなる。よって，スパイラルアンテナにおいてはこのアクティブ領域が存在できるかぎり，円偏波の送受信が広帯域にわたって可能になる。あまり周波数が低いとアクティブ領域がスパイラル素子からはみ出てしまうため円偏波は放射できない。よって，円偏波を放射する下限周波数が存在する。

以上の動作原理から，スパイラルアンテナが円偏波を放射するためには，原理的には素子の周囲長が 1 波長に相当する周波数以上で動作させなければならないことが理解できる。しかしながら，スパイラル素子の終端付近では反射波が存在する場合があり，その影響で交差偏波が発生する。よって，スパイラル素子の周囲長は，実際には十分な AR のために求められる円偏波の下限周波数の 1 波長より長くすべきである。一方で，終端での反射波の抑制についても研究が行われており，例えば吸収体の装荷などが検討されている[22],[23]。

スパイラルアンテナの動作については，素子を半円で近似した解析により説明した試みもある[24]。また，本節で扱うスパイラルアンテナは，2 素子のスパイラル素子からなる構造であるが，アンテナの両面に円偏波を放射し，それらのセンスはたがいに逆となる。つまり，円偏波の旋回方向はスパイラル素子の回転方向と関係がある。応用上，円偏波の放射は単方向化するほうが望ましいので，金属反射板を用いることでそれが実現できる[25]。また，今回は 2 素子の平衡給電による構造を扱ったが，1 素子，すなわち 1 点給電からなるスパイラルアンテナも検討されている。しかし原則として帯域が狭くなることが知られ

ている[26])。一方で，3倍帯域で円偏波が得られる構造も提案されている[27])。

以上のとおり，スパイラルアンテナは，インピーダンス特性およびAR特性が広帯域であると同時に，基本的に広角に良好な円偏波を放射する。しかし，分散性が大きいことが問題となる場合があり，今後の研究課題となると思われる。

3.2.4 アルキメデススパイラルアンテナの設計例

最後に，アルキメデススパイラルアンテナの設計例について HFSS（Ansys社）によるシミュレーション結果と共に示す。図 **3.21** にシミュレーションの構造を示すが，素子は $r_0 = 2/\pi$ [mm] として完全導体からなる素子一つ当りを3回巻としている。すなわち，1回巻くごとに半径が 4 mm 増加する。

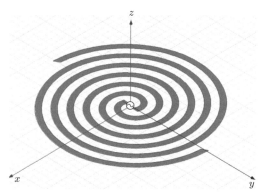

図 **3.21** アルキメデススパイラルアンテナの設計例
($r_0 = 2/\pi$ [mm])。

この構造の入力インピーダンスを図 **3.22**（a）に示す。低い周波数から 5 GHz 付近まではいくつか並列共振が見られるが，この付近の周波数ではほぼダイポールアンテナと同じ振舞いを見せる。しかし，周波数が高くなるにつれて虚部の値は小さく，インピーダンスの実部はおよそ 6 GHz 以上の周波数においては式(3.44)が示す 60π [Ω] 付近で一定になり，進行波（スパイラルモード）が励振されたアンテナの振舞いになることがわかる。このとき円偏波を放射する。

この様子は図（b）に示すボアサイト方向の AR 特性にも表れており，進行波が励振された 6 GHz 以上の周波数になると軸比 AR は 3 dB 以下となる。

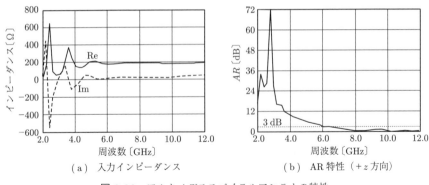

(a) 入力インピーダンス (b) AR 特性（+z 方向）

図 3.22 アルキメデススパイラルアンテナの特性

図 3.23 に放射パターンを示す。これらの周波数は 8 GHz であり，yz 平面および zx 平面の双方において ±z 方向に円偏波の放射が見られる。また，放射する向きに応じて円偏波のセンスが異なることがわかる。円偏波のセンスはスパイラル素子の巻く向きで決まり，+z 方向を向いて右巻きであるため RHCP を放射する。一方，−z 方向には LHCP を放射する。このような放射方向によって異なるセンスの円偏波を放射するアンテナではすでに述べたが，反射板を用いるなどの手段で放射指向性を単方向化することが多い[25]。

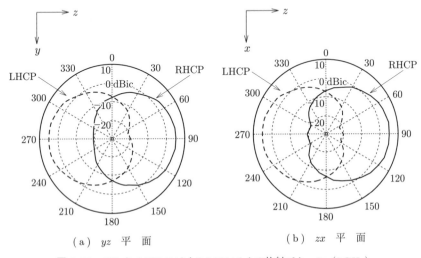

(a) yz 平 面 (b) zx 平 面

図 3.23 アルキメデススパイラルアンテナの放射パターン（8 GHz）

3.3 直交励振

前節まで述べたヘリカルアンテナやスパイラルアンテナは，周波数や構造パラメータをうまく選択するだけで円偏波を発生させる構造をもつ．しかし直線偏波のアンテナであっても各種アンテナ素子のメリットを保ちつつ，構造的な工夫をすることで円偏波の送受信が可能である．このための工夫は種々知られているが，等振幅の直交する二つのモードに位相差 90° を与えるものがほとんどである．この給電方法が，前述した 2 点給電法と呼ばれる円偏波発生のための典型的な給電方法の一つである．

3.3.1 クロスダイポールによる円偏波の直交励振と給電回路

まず，2 点給電法による円偏波アンテナの最も基本的な構造は，ダイポールアンテナを用いたものであろう．図 **3.24**(a) は典型的なダイポールアンテナである．図の a–a′ 間が正弦波による電圧を与える給電点であり，この場合，素子に平行な向きに電界成分をもつ直線偏波が発生する．ダイポールアンテナを用いて円偏波を発生させる場合，図 (b) のように二つの同じダイポールアンテ

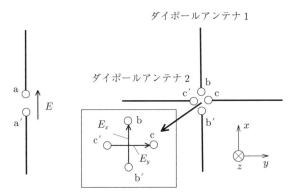

(a) ダイポールアンテナ　　(b) クロスダイポールアンテナ

図 **3.24**　ダイポールアンテナとクロスダイポールアンテナ

ナを交差させて**クロスダイポール**とする[28]。この構造においては，それぞれのダイポールアンテナから x 方向（Dipole Antenna 1 からの励振）および y 方向（Dipole Antenna 2 からの励振）の成分を励振できる。円偏波は，図中の b–b′ 間と c–c′ 間の二箇所（2 点）の給電点においてたがいに等振幅で位相差が 90° の二つの信号を与えることで発生する。いま，E_x と E_y を図 (b) のように等振幅で給電した場合，E_y の位相が E_x の位相より 90° 進んでいるなら，式 (2.5), (2.8) の関係から $+z$ 方向へ伝搬する円偏波は LHCP となる。なお，この構造では $-z$ 方向へも円偏波が放射され，RHCP となる。

　以上のように直交する成分を放射させるために二つのアンテナを用いる場合，二箇所の給電点が必要であるが，これらの給電には位相調整回路と分配器からなる外部回路を用いる[29]。まず給電線からの電力を二つに分配するためには，図 **3.25** (a) のように，特性インピーダンス Z_0 の線路に特性インピーダンス $2Z_0$ の二つの分岐線路を並列に接続する方法が，最もシンプルである。図はすでに平行 2 線伝送線路で説明してあるが，これらの分岐線路は透過的に並列に給電線路に接続されるため，入力された給電線路と整合をとるためには，給電

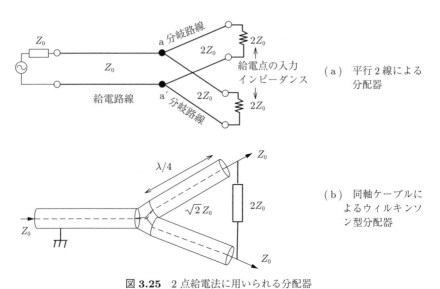

図 **3.25**　2 点給電法に用いられる分配器

線路の 2 倍の特性インピーダンスをもつ二つの分岐線路を経て，二つの給電点に接続される．もし，分岐線路も給電線路と同じ特性インピーダンスにしたい場合，図中の a–a' 部分に Z_0 と $Z_0/2$ の間を整合する整合回路を設ける必要がある．例えば，a–a' に $Z_0/\sqrt{2}$ の特性インピーダンスをもち，かつ中心周波数において $\lambda_g/4$ の長さをもつ線路を挿入すればよい．また，図 (b) のような**ウィルキンソン分配器**を用いることもできる[29]．この場合同じ特性インピーダンスの線路が使用できる．図 (a), (b) どちらの場合も基本的には同相で分配することになるので，二つの出力のうち一つの分岐線路に実効波長の 4 分の 1 の長さをもつ位相調整回路を接続し，90° の位相差を生じさせて給電する．

以上の方法で円偏波が発生できるが，用いるアンテナの給電点において十分にインピーダンス整合がされていれば特に問題はない．しかし，小形アンテナや広帯域アンテナではインピーダンス整合を多少犠牲にして使用することもあるが，この場合，位相調整回路や分配器を通して，二つの給電点のうち一つからの反射波がもう一つの給電点に入力され，その結果，AR にも影響を及ぼすことになる．

それを防ぐためには，図 **3.26** のような **90° ハイブリッド**と呼ばれる回路を用いるとよい．この図はマイクロストリップ線路で作成された例であるが，同軸線路で形成しても各ブランチの長さや特性インピーダンスは同じ考え方で決まる．この回路はつぎのような S パラメータをもつ．

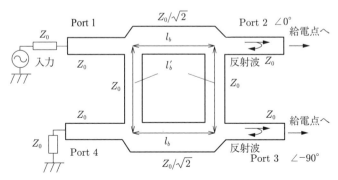

図 **3.26**　90° ハイブリッド（ブランチライン方向性結合器）

$$S = \frac{-1}{\sqrt{2}} \begin{bmatrix} 0 & 1 & -j & 0 \\ 1 & 0 & 0 & -j \\ -j & 0 & 0 & 1 \\ 0 & -j & 1 & 0 \end{bmatrix} \qquad (3.53)$$

すなわち，図中の Port 1 に波長 λ の信号を入力した場合，Port 4 には出力は現れず，Port 3 の位相は Port 2 に比べて $90°$ 遅れて出力される。よって，Port 2 と Port 3 をアンテナの二つの給電点に接続すれば，円偏波が発生する。この場合，Port 3 における反射波は Port 2 に出力されないため，AR への影響を防ぐことができる。もちろん，Port 2 における反射も同様に Port 3 へ影響を与えない。Port 2 および Port 3 における反射波は，入力端子の Port 1 と Port 4 へ戻っていくが，これらが整合されていれば反射を防ぐことができる。

$90°$ ハイブリッドの設計は，それぞれのブランチの長さを図 (b) の l_b, l_b' のように定義した場合，それぞれの実効波長の長さとする。それぞれのブランチは，図 (b) に記載されている特性インピーダンス Z_0 を，例えば式 (1.74) の設計公式を用いてマイクロストリップ線路を設計するように決める。なお，線路内の実効波長 λ_g が

$$\lambda_g = \frac{c}{f\sqrt{\varepsilon_{eff}}} \qquad (3.54)$$

なので，それらの 4 分の 1 で各ブランチの長さ l_b および l_b' が求められる。ただし，c は光速である。

クロスダイポールを用いて円偏波を励振するためには，**図 3.27** のように外部回路を接続するとよい。図 (a) は，ウィルキンソン分配器と位相調整回路（伝送線路）を用いた給電回路であり，図の場合，c–c′ 間の電界より b–b′ 間の電界のほうが位相が $90°$ 遅れる。もちろん，給電回路が不平衡であった場合，ダイポールアンテナの給電にはバランが必要である。位相調整回路を b–b′ 間から c–c′ 間につながる回路へと切り換えた場合，円偏波のセンスが逆転する。

また図 (b) は，$90°$ ハイブリッドを用いた場合の給電回路である。図の Port 1 に給電した場合，c–c′ 間の電界が b–b′ 間の電界に比べて $90°$ 遅れる。また，給

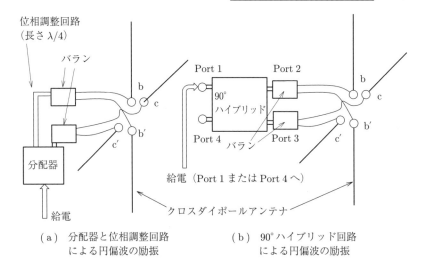

(a) 分配器と位相調整回路による円偏波の励振　　(b) 90°ハイブリッド回路による円偏波の励振

図 3.27　クロスダイポールによる円偏波励振法

電回路を Port 1 から Port 4 に切り換えた場合，円偏波のセンスが逆転する．最後に図 3.27 中のアンテナの場合，反射板などが存在しなければ，ダイポールアンテナの双方向に円偏波が放射されるが，センスはたがいに逆になる．

3.3.2　パッチアンテナによる円偏波の直交励振

円偏波アンテナとしてよく使用されるのが**パッチアンテナ**である．その構造は，図 3.28 のように，誘電体基板上にプリントされた金属パッチ素子と地板をもつシンプルな構造である．その特徴は，作成が容易であり，さらに平面かつ低姿勢であることであり，無線通信用アンテナとしてよく使用される．図 (a) に正方形のパッチの例を示し，図 (b) には円形パッチの例を示している．また給電点も示しているが，この構造では導体地板から同軸ケーブルの内部導体が直接接続されて給電される．給電構造には，パッチ素子と同じ基板面に給電回路を設けた**共平面給電法**や，導体地板にスロットを設けて給電する方法などが知られている[30]．また，給電点はパッチの辺上の中心に設ける場合もあるが，入力インピーダンスはきわめて高くなるため，若干パッチの中心寄りに設けるか，整合回路を設けることが多い．

96   3. 円偏波アンテナの基本的構成

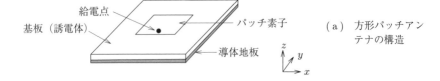

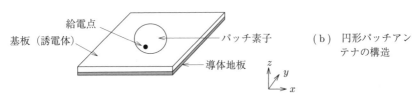

図 3.28　パッチアンテナの基本構造

以上のようにパッチアンテナの偏波は給電点の場所に依存することがわかるが，偏波の方向については図 3.29 のように給電点とパッチの中心を通る線と平行な方向に直線偏波が得られることがわかる。この様子を理解すると，円偏波を得るための給電方法については，前述のクロスダイポールアンテナの場合と同じ方法で円偏波が励振できることがわかる。まず，アンテナ素子に 2 点で給電する際の例を図 3.30 に示す。この図はパッチ素子と同じ面に給電回路がマ

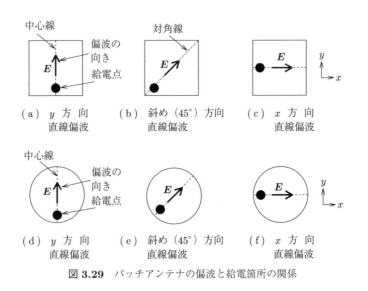

図 3.29　パッチアンテナの偏波と給電箇所の関係

3.3 直交励振

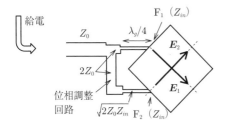
（a） 分岐線路と位相調整回路を用いた方形パッチによる円偏波の励振

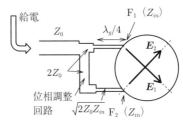
（b） 分岐路線と位相調整回路を用いた円形パッチによる円偏波の励振

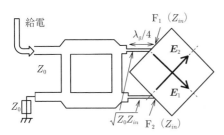
（c） 90°ハイブリッド回路と方形パッチによる円偏波の励振

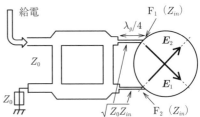
（d） 90°ハイブリッド回路と円形パッチによる円偏波の励振

図 3.30 共平面給電法による方形および円形パッチアンテナにおける2点給電法

イクロストリップ線路で設けられる共平面給電法による例であるが，クロスダイポールの場合と同様に，二つの偏波が90°の位相差をもちながら発生するように給電点をパッチ素子上に設ける．図（a），（b）が，それぞれ方形パッチ素子と円形パッチ素子による分岐線路と位相調整回路を用いた円偏波の励振方法である．給電点の場所については，当然ながら二つの偏波が直交するように選ぶ必要がある．以上のように，パッチアンテナによる円偏波の励振のためには，ダイポールアンテナの場合，二つのアンテナを用意して直交させることが必要であるが，パッチアンテナの場合は一つの素子で二つの直交モードが励振可能であり，しかもそれらはたがいに結合しないため，一つの素子で円偏波を励振させることができる．これは，直交ダイポールアンテナより手軽な構造といえる．

つぎに，円偏波パッチアンテナの給電回路について述べる．給電回路における分岐後の二つの線路の電気長は重要なパラメータであり，位相差が90°にな

98   3. 円偏波アンテナの基本的構成

るように位相調整回路を設計する必要がある。図の場合，E_2 のほうが E_1 に比べて $90°$ 位相が遅れることになる。また，分岐線路の特性インピーダンスは，発振器からの給電線路の特性インピーダンスを Z_0 とすると，分岐点からアンテナ側ではそれぞれ $2Z_0$ の特性インピーダンスの線路となる。また，給電点 F_1 および F_2 における入力インピーダンス Z_{in} はパッチの端に給電するため高い値であるとすると，式 (1.12) で求めたように $\sqrt{2Z_0 Z_{in}}$ の特性インピーダンスをもち，かつ $\lambda_g/4$（λ_g：実効波長）の整合回路を図 3.30 のように挿入する必要がある。

　同様に，図 3.30 (c), (d) が，それぞれ方形パッチ素子と円形パッチ素子による $90°$ ハイブリッド回路を用いた円偏波励振方法である。図の場合，E_2 のほうが E_1 に比べて $90°$ 位相が遅れることになる。二つの偏波が直交して励振されるように給電点の選び方に注意すれば，クロスダイポールによる図 3.27 (b) と同じ考え方に基づいて円偏波が励振できる。$90°$ ハイブリッド回路を用いた場合，3.3.1 項で説明したように，反射波が AR に与える影響を防ぐことができる。また，ハイブリッド回路を用いた場合，円偏波のセンスはハイブリットの給電ポートの選択による。すなわち，図 3.30 (c), (d) において，給電ポートとその隣の負荷 Z_0 を交換すれば，センスは逆転する。また，これらのポートの両方を用いることで，偏波共用円偏波アンテナとしての使用も可能である。

　以上，直交励振ないしは 2 点給電法は，空間的に直交する二つの直線偏波用アンテナを外部回路を用いて $90°$ の位相差を与えて給電する方法である。この方法の利点は，外部回路に依存するものの後述の摂動励振に比べて比較的広帯域になりやすいことが挙げられる一方，外部回路が必要なため給電回路が複雑になるのが欠点である。そこで，外部回路を用いず円偏波を励振させる方法を次節にて説明する。

3.4 摂 動 励 振

外部回路を必要とせずに円偏波を発生させる方法として**摂動励振**が知られて

いる。1点給電法とも呼ばれるこの方法では，空間的に直交する二つのモードを励振し，たがいの共振周波数がわずかに異なる（摂動を与える）ように設計する。その結果，二つの共振周波数の中間において 90° の位相差を与えることができる[31]。このように，摂動を与えて縮退を分離させる方法は**縮退分離法**と呼ばれ，外部回路を用いず円偏波を励振させることができる。

3.4.1 クロスダイポールによる摂動励振

摂動励振による具体的な円偏波発生方法を，図 **3.31**（a）に示した直交ダイポールアンテナを例に示す。二つのダイポールアンテナは空間的にはたがいの偏波が直交しているが，図（b）に示すように，給電回路においては二つのアンテナは給電回路には並列に接続され，等振幅で給電される。しかし，位相差 90°を得るためには給電点 a–a′ 間と b–b′ 間のアドミタンス Y_A, Y_B が

$$\mathrm{Arg}(Y_A) = \mathrm{Arg}(Y_B) \pm 90° \tag{3.55}$$

$$G_A = G_B \tag{3.56}$$

である必要がある。ここで，Arg は位相を表し，さらに $Y_A = 1/Z_A = G_A + jB_A$，$Y_B = 1/Z_B = G_B + jB_B$ である。なお，一般にダイポールアンテナの入力インピーダンス Z_i は，起電力法でその近似値を求めることができ，つぎのような

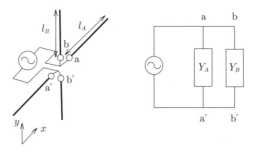

(a) 異なる長さをもつ　　(b) クロスダイポールの
　　クロスダイポール　　　　　等価回路

図 **3.31** 摂動励振法によるクロスダイポールの円偏波励振法

100   3. 円偏波アンテナの基本的構成

式で求められる[32]。

$$Z_i = R_i + jX_i \qquad (i = A, B) \tag{3.57}$$

$$R_i = \frac{Z_0}{4\pi} \left[(1 - \cot^2 kl_i) \, C(4kl_i) + 4\cot^2 kl_i \, C(2kl_i) \right. \tag{3.58}$$

$$\left. + 2\cot kl_i \{ S_i(4kl_i) - 2S_i(2kl_i) \} \right] \tag{3.59}$$

$$X_i = \frac{Z_0}{4\pi} \left[-2\Omega \cot kl_i + (1 - \cot^2 kl_i) S_i(4kl_i) \right. \tag{3.60}$$

$$+ 4\cot^2 kl_i \, S_i(2kl_i) \tag{3.61}$$

$$\left. + 2\cot kl_i \{ 2C(2kl_i) - C(4kl_i) + 2\ln 2 \} \right] \tag{3.62}$$

ただし

$$\Omega = 2\ln \frac{2l_i}{a} \tag{3.63}$$

$$C(x) = \gamma + \ln x - C_i(x) \tag{3.64}$$

$$C_i(x) = -\int_x^\infty \frac{\cos u}{u} du \qquad (\text{余弦積分}) \tag{3.65}$$

$$S_i(x) = \int_0^x \frac{\sin u}{u} du \qquad (\text{正弦積分}) \tag{3.66}$$

$$\gamma = 0.577\,21 \cdots \qquad (\text{オイラーの定数}) \tag{3.67}$$

である。

式 (3.55), (3.56) の条件を満たす場合，ダイポールアンテナの入力アドミタンスを複素平面上に描くと，**図 3.32** のように，原点からそれぞれの素子の共振周波数におけるアドミタンス Y_{A0}, Y_{B0} を結ぶ線が，たがいに $90°$ の角度を形成する。この状態で二つの給電点における位相差を $90°$ とできる。

そのためには，二つのダイポールアンテナの共振周波数はわずかに異なるべきであることが**図 3.33** から理解できる。図 (a) は a–a$'$ と b–b$'$ の給電点における電流の強さを周波数の関数として表現している。また，図 (b) においては位相特性を表現している。二つの共振周波数をうまく調整することで，それらの中間に当たる周波数 f_0 においては，図 (b) に示すごとく，直交する二つの

3.4 摂動励振   101

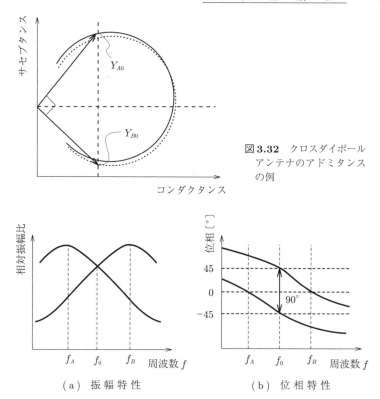

図 3.32 クロスダイポールアンテナのアドミタンスの例

(a) 振幅特性　　(b) 位相特性

図 3.33 クロスダイポール上の二つの直交モードの振幅および位相特性

モード間の位相差を $90°$ とすることができる。

設計例 クロスダイポールによる摂動励振の設計例を示す。まず，$l_A = 75\,\mathrm{mm}$, $l_B = 55\,\mathrm{mm}$ としてシミュレーション（Ansys HFSS）を行った。ただし，素子は1mm角の銅であるとし，給電点に向かい合う素子間に2mmのギャップを設けている。

図 3.34 は，長さ l_A の素子2本によるダイポール，および長さ l_B の素子2本によるダイポールのそれぞれの入力アドミタンス Y_A, Y_B である。この結果によると，1.05 GHz 付近において実部（Re）が等しいことがわかる。つぎに，図 3.35 は，アドミタンスの偏角 $\mathrm{Arg}(Y_a)$, $\mathrm{Arg}(Y_b)$ の周波数特性を示している。1.05 GHz 付近において偏角の差が $90°$ であることがわかる。以上の結果は式

102　　3. 円偏波アンテナの基本的構成

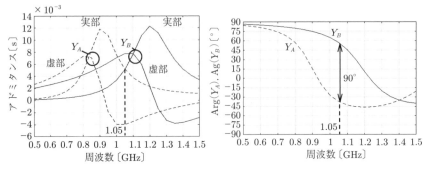

図 **3.34** クロスダイポールの入力アドミタンス　　図 **3.35** 入力アドミタンスの偏角

(3.55) および式 (3.56) を満足している。

つぎに，図 **3.36** に放射パターンを示す。アンテナの放射方向 2 方向に左旋円偏波 LHCP または右旋円偏波 RHCP が放射されていることがわかり，それぞれの方向において交差偏波は主偏波に比べて 15 dB 以上小さく，十分に抑えられている。

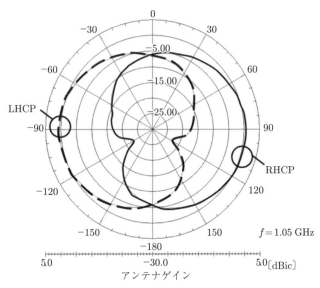

図 **3.36** クロスダイポールの放射パターン

3.4.2 パッチアンテナの摂動励振

つぎに，直交ダイポールと同じ原理でパッチアンテナにおいても摂動励振が可能であることを述べる。パッチアンテナにおいて偏波が給電部の場所に依存することは，図 3.29 を用いて述べた。この図を参考にすると，パッチアンテナから直線偏波を発生させるモードは，図 **3.37**（a）に表されるように，方形パッチの二つの直交するモードからの放射が合成されたと考えることができる。ここでは，それぞれのモードを A モード，B モードと名づけることにする。円偏波の発生のためには，方形パッチの対角線上の二つの角を図のように切り欠く技術がよく知られている。この場合，給電部は中心線上に設ける中央部給電型となる。この結果，図（b）においては，A モードより B モードのほうが共振波長が短くなり，その結果，A モードの共振周波数は図 3.33 における f_A に相当し，B モードは f_B に相当する。その結果，$f_A < f_B$ であるためクロスダイポールと同じ原理で位相差を 90° とした二つの直交するモードが存在することになり，円偏波が発生できる。

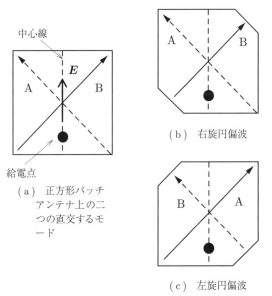

図 **3.37** パッチアンテナを励振する二つの直交モード

104   3. 円偏波アンテナの基本的構成

つぎに円偏波の旋回方向について述べる。放射方向を紙面に対して垂直手前方向とするならば，図(b)はBモードがAモードに比べて位相が進んでおり，RHCPを発生させることができる。よって，パッチの切欠きを図(b)を左右に反転させた図(c)とした場合，LHCPを発生させることになる。この場合，それぞれのモードの共振周波数は，図3.33においてBモードがf_Bに相当し，Aモードはf_Aに相当する。その結果，BモードがAモードに比べて位相が90°進み，LHCPを発生させる。

本方式では，二つのモードの共振周波数近傍における振幅と位相の周波数に対する大きな変化を利用して，円偏波を発生させる。パッチアンテナは一般的に帯域が狭いため，良好な円偏波が得られる帯域は比較的狭いことに注意すべきである。一方，外部回路を必要とせず，給電回路がシンプルな構造となることは大きなメリットである。

摂動励振を行う円偏波パッチアンテナの形状はいくつか知られているが，代表的な例を図3.38に示す。原理は共通しており，すべて紙面に対して垂直手前方向にRHCPを放射する。図中の左2列（図(a)）は中央部給電型であり，二つの対角線に平行な二つのモード間に位相差を設ける。真ん中2列（図(b)）は対角部に給電部がある対角部給電型であり，図のx軸およびy軸に平行な二つの直交するモード間に位相差を与える。さらに一番右の列（図(c)）に円形パッチの形状例を示している。原理について，給電部を挟む二つの直交するモード間に位相差を与える発想は，方形パッチと共通している。

摂動励振による円偏波パッチアンテナはよく使用されるが，その設計方法についても研究されよく知られるところとなった[34]。以下，円偏波パッチアンテナの設計方法について述べる。

摂動励振においては，空間的に直交し，縮退している二つのモードに摂動を与えて位相差を得ることはすでに述べている。パッチアンテナにおいて摂動を与える方法はいくつかあるが，代表的な方法を図3.39に示す。それぞれ直交するA，Bのモード間の位相差を90°とするためには，摂動を与える量が重要になるが，これは，パッチアンテナの円偏波化設計の観点からは，図(a)〜(c)

3.4 摂動励振　　105

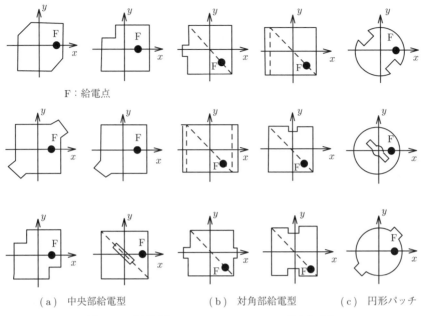

(a) 中央部給電型　　(b) 対角部給電型　　(c) 円形パッチ

図 **3.38**　摂動励振によるパッチアンテナの代表的形状

におけるパッチの切欠き部分，または延長部分のわずかな面積 ΔS の設計が重要である。

ΔS については，パッチアンテナの Q 値を考慮して決定すべきである。パッチアンテナの **Q 値** Q_T はつぎのように定義される[30),33)]。

$$\frac{1}{Q_T} = \frac{1}{Q_r} + \frac{1}{Q_c} + \frac{1}{Q_d} + \frac{1}{Q_{sw}} \tag{3.68}$$

ここで，それぞれの Q 値については，以下のとおりとなる。

- Q_T：アンテナの Q 値
- Q_r：放射を表す Q 値 $= \omega \varepsilon S R_r/(2h)$ （TM_{10}^x モードによる方形パッチアンテナの場合の簡易式，S はパッチの面積）
- Q_c：金属損失による Q 値 $= h\sqrt{\pi f \mu \sigma}$
- Q_d：誘電正接による Q 値 $= 1/\tan\delta$
- Q_{sw}：基板の表面波による Q 値

106   3. 円偏波アンテナの基本的構成

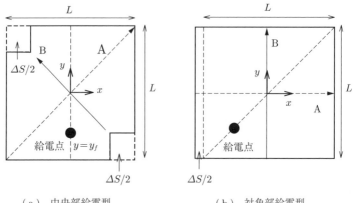

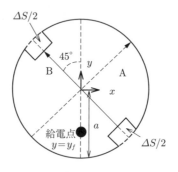

（c）円形パッチアンテナ

図 3.39 摂動励振による円偏波パッチアンテナの摂動構造（LHCP）

である。なお，h は基板の厚さ，σ はアンテナを構成する金属の導電率，$\tan\delta$ は基板の誘電正接，μ は金属の透磁率，R_r は放射抵抗（無損失時の入力インピーダンスの実部に相当）である。また，Q_r, Q_{sw} の求め方であるが，方形パッチの詳細は付録 A.2 節に，円形パッチについては付録 A.3 節に示している。

一方で，Q_T は動作周波数と動作帯域に関連があり，給電点における定在波比（VSWR）S_v 以下を満たす帯域を Δf とすると，Q_T は

$$Q_T = \frac{f_0}{\Delta f}\frac{S_v - 1}{\sqrt{S_v}} \tag{3.69}$$

から求められることが知られている[33]。よって Q_T は，最終的にある VSWR

の基準以下で定義される動作帯域から求めることができる。

つぎに，ΔS と Q_T の関係について述べる。パッチアンテナを共振器と考えるならば，円偏波のための二つのモードと共振回路の関係は，共振周波数付近においては図 **3.40** のような等価回路により説明される[30]。以下，A モードと B モードの共振周波数をそれぞれ f_A, f_B とし，$\Delta S = 0$ のときの共振周波数を f_r として述べていく。また，それぞれのモードを発生させる共振回路のインピーダンスを Z_A, Z_B とし，これらの両端に発生する電圧を V_A, V_B とする。図 3.39 に示すように，中央部給電型で $y = y_f$，$x = 0$ の位置に給電点が配置されている場合，二つの理想変成器の変成比 N_A と N_B はつぎのように与えられる[34]。

$$N_A = N_B = \sin \frac{\pi y_f}{L} \tag{3.70}$$

また，図 3.39 に示す対角部給電型の場合，対角線上の給電点の座標が (x_f, y_f) の場合，N_A, N_B は以下のとおりである[30]。

$$N_A = \sqrt{2} \sin \frac{\pi x_f}{L}, \qquad N_B = \sqrt{2} \sin \frac{\pi y_f}{L} \tag{3.71}$$

以上の式は，たがいに空間的に直交するモードを給電回路から見た場合のインピーダンスが，給電点の位置に依存することを意味する。また，A, B モードが摂動程度のわずかな違いであることを考慮すると，各共振回路の Q 値はたがい

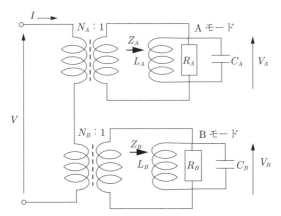

図 **3.40** 摂動励振によるパッチアンテナの共振周波数付近における等価回路

108　　3. 円偏波アンテナの基本的構成

に等しく，それらはアンテナの無負荷 Q 値 Q_T と等しいと考える。Q_T はつぎのように与えられる。

$$Q_T = \frac{R_i}{2\pi f_i L_i} = 2\pi f_i R_i C_i \qquad (i = A, B) \tag{3.72}$$

円偏波の発生のためには，V_A と V_B の間に

$$|V_A| = |V_B| \tag{3.73}$$

$$V_A = \pm j V_B \tag{3.74}$$

の関係が成立すべきである。符号の正負がある理由は LHCP と RHCP の違いのためであるが，センスの決定は最終的に A, B 各モードの空間的な配置に依存する。

式 (3.73) のためには，図 3.40 における二つの理想変成器の分配比は

$$|N_A| = |N_B| \tag{3.75}$$

とすべきである。よって

$$\frac{1}{Z_i} = \frac{1}{R_i} + j\left(2\pi f_i C_i - \frac{1}{2\pi f_i L_i}\right) \tag{3.76}$$

$$= 2\pi C_i \left\{\frac{f_i}{Q_T} + j\left(f - \frac{f_i^2}{f}\right)\right\} \qquad (i = A, B) \tag{3.77}$$

であることから，V_B/V_A は式 (3.75), (3.77) より

$$\frac{V_B}{V_A} = \frac{(N_B I) Z_B}{(N_A I) Z_A} \tag{3.78}$$

$$= \frac{\dfrac{f_A}{Q_T} + j\left(f - \dfrac{f_A^2}{f}\right)}{\dfrac{f_B}{Q_T} + j\left(f - \dfrac{f_B^2}{f}\right)} \tag{3.79}$$

と求められる。ここで

$$f_A = f_r \left(1 + \alpha \frac{\Delta S}{S}\right) \tag{3.80}$$

$$f_B = f_r \tag{3.81}$$

$$f_r = \frac{c}{2L\sqrt{\varepsilon_r}} \tag{3.82}$$

で与えられる。ここで，アンテナが中央部給電型の場合 $\alpha = 2$ であり，対角部給電型の場合では $\alpha = -1$ である。両者で符合が異なるのは，前者はパッチを切り込んでおり，面積が減少しているのに対し，後者は面積が増加しているためである。また，c は光速であり，ε_r は基板の比誘電率である。

円偏波発生の条件 (3.73), (3.74) を (3.79) へ適用すると，円偏波を発生できる条件がつぎのように求まる。

$$\frac{Q_T^2(Q_T^2-1)(M^2+1)}{2Q_T^2-1} = M + \frac{(2Q_T^2-1)M^2}{M^2+1} \qquad \left(M = \frac{f_A}{f_B}\right) \tag{3.83}$$

この式より，中央部給電型方形パッチアンテナ（$\alpha = 2$）が，周波数 $f_0 = (f_A + f_B)/2$ において円偏波を発生させるための ΔS と Q_T の関係として

$$\left\{\frac{2Q_T\Delta S}{S}\right\}^2 = \frac{1}{\left\{1 + 2\dfrac{\Delta S}{S} - 4\left(\dfrac{\Delta S}{S}\right)^2\right\}} \tag{3.84}$$

が求まる。この式は簡略化することができ，その結果中央部給電型の方形パッチに関してはつぎの設計公式が求まる。

$$\left|\frac{\Delta S}{S}\right| = \frac{1}{2Q_T} \tag{3.85}$$

また，対角部給電型（$\alpha = -1$）に関しては

$$\left|\frac{\Delta S}{S}\right| = \frac{1}{Q_T} \tag{3.86}$$

となる。これらの設計公式は平易な形に見えるが，$0.5\,\mathrm{dB}$ 以下の AR が得られる設計周波数 f_0 が実測値と 1.5% 以内の誤差で得られた報告もあり，十分実用的である[34]。

円形パッチについて，f_A と f_B はつぎのように表される。

$$f_A = f_r\left(1 - \frac{\chi_{11}'^2}{\chi_{11}'^2-1}\frac{\Delta S}{S}\right), \qquad f_B = f_r\left(1 + \frac{1}{\chi_{11}'^2-1}\frac{\Delta S}{S}\right) \tag{3.87}$$

ここで，$\chi'_{11} = 1.841$ は，ダイポールモード（TM_{11}）の固有値である。円形パッチの場合，ΔS と Q_T との関係は，方形の場合と同様に求めることができ

$$Q_T^2 = \frac{1 - \dfrac{\Delta S}{S}}{\left(\chi'_{11}\dfrac{\Delta S}{S}\right)^2} \tag{3.88}$$

が求まり，設計公式として簡略化すると

$$\left|\frac{\Delta S}{S}\right| = \frac{1}{Q_T\chi'_{11}} \tag{3.89}$$

が求められる。

以上を考慮すると，摂動励振によるパッチアンテナの設計手順としては，摂動を与える前のパッチアンテナの VSWR 特性から動作周波数における Q 値 Q_T を式 (3.68) または式 (3.69) から求め，摂動素子の面積 ΔS をパッチの形状に応じて式 (3.85), (3.86)，または式 (3.89) から求める手順となる。

3.5 偏波変換器による円偏波励振

これまでの話は，アンテナの放射素子を工夫し円偏波を発生させる仕組みであった。実際の円偏波の励振方法の一つには，直線偏波を円偏波に変換するやり方も一般的である。このような変換を行う装置を**偏波変換器（ポラライザ）**という。偏波変換器は導波管型がよく使用されるが，その例を**図 3.41** に示す。図 (a) は，誘電体板が入力電界（TE_{11}）に対して 45° に挿入してあり，誘電体と平行な電界成分と垂直な成分との間に位相差 90° を与える。また，図 (b)，(c) に示す方法は，基本的に摂動励振と同じ原理で縮退分離法に基づく円偏波励振である。図 (b) は周期的に溝を入れる方法であり[35]，図 (c) は溝とは逆に絞り（またはポスト）を周期的に入れる方法である[36],[37]。この周期などによってよい AR が広帯域にわたって得られる。

通常このような導波管タイプのポラライザの場合，比帯域で 20% 程度にわたり 3 dB 以下の AR が期待できる。また，入力する直編偏波の電界を図に示す

3.5 偏波変換器による円偏波励振　　*111*

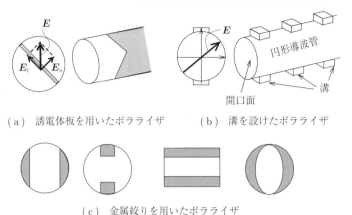

(a) 誘電体板を用いたポラライザ　　(b) 溝を設けたポラライザ

(c) 金属絞りを用いたポラライザ

図 **3.41** 導波管型ポラライザの構造

方向から 90° 回転させて入力すると，円偏波の旋回方向が逆転する．

ステップ状セプタムを使用した円偏波の励振　　ポラライザは，導波管内にステップ状の構造をもつ**セプタム**（septum，**隔壁**）を用いる構造も知られている[38),39)]．図 **3.42** にその一例を示す．図 (a) は，円形導波管型のホーンアンテナであるが，ステップ状の形状をもつ導体からなるセプタムが導波管の内部の真ん中を仕切る形になっている．詳しい設計方法は文献 39) に譲るが，図は中心周波数が 1.5 GHz になるような設計となっている．このステップの形状の設計は，シミュレーションなどで最良の長さを見つけ出す必要があるが，図 (b)，(c) には，中心周波数相当の λ_0 で規格化した長さが記入してある．Port から励振された直線偏波はセプタムがポラライザとして動作し，円偏波を励振する．その原理は基本的に摂動励振である．円偏波の旋回方向は図中の Port の選び方で決まり，例えば，Port 1 に励振があった場合に放射されるのは LHCP となる．

図 **3.43** は中心周波数 1.5 GHz，すなわち $\lambda_0 = 200\,\mathrm{mm}$ とした場合の HFSS によるシミュレーション結果であるが，Port 1 での S_{11} および，Port 1, 2 間の結合 S_{21} を示している．これらの特性がホーンの長さ B に依存するために，B のパラメータとなっている．S_{11} は 1.5 GHz 付近で十分広帯域にわたって整合

112　　3. 円偏波アンテナの基本的構成

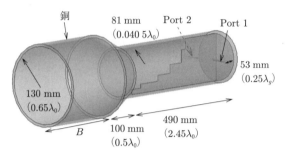

(a) ステップ状セプタムを用いた円偏波ホーンアンテナ

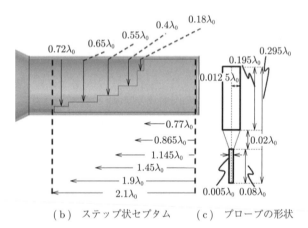

(b) ステップ状セプタム　　(c) プローブの形状

図 **3.42**　ステップ状セプタムを用いた円偏波発生器

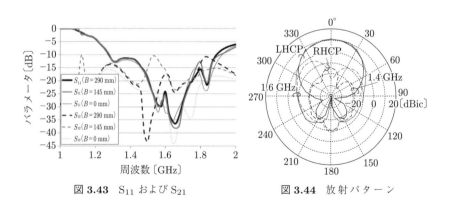

図 **3.43**　S_{11} および S_{21}　　　　図 **3.44**　放射パターン

がとれている。また，Port 間の結合は S_{21} 特性により評価できるが，$-20\,\mathrm{dB}$ 以下と十分抑えられていることがわかる。よって，この構造によるホーンアンテナは偏波共用円偏波アンテナとして使用でき，RHCP–LHCP 間のアイソレーションもよいことがわかる。

つぎに図 3.42 の構造の放射パターンを示す（図 3.44）。xy 面における $B = 290\,\mathrm{mm}$ の場合であるが，1.4 GHz では交差偏波が十分抑えられ比較的広角に円偏波が放射されている。しかし，1.6 GHz の場合においては交差偏波レベルが若干高くなっている。このように交差偏波をいかに抑えるかは重要な問題である。

3.6 シーケンシャルアレーによる円偏波の励振

3.6.1 シーケンシャルアレー

円偏波の発生のためには図 3.45 に示すように，四つの A, B, C, D の直線偏波のアンテナの偏波方向を連続的（シーケンシャル）に回転させるように素子を配置し，かつ隣接パッチ間においては位相差を 90° ずつ与えて給電する方法が知られている[40]。このような配置は**シーケンシャルアレー**と呼ばれる。それぞれの給電点には分配器を用いて等振幅で給電するが，位相回路などを設けて 90° ずつの位相差を与える必要がある。図中の角度はパッチ A を基準としてど

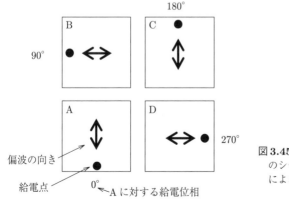

図 3.45 直線偏波アンテナのシーケンシャルアレーによる円偏波の励振

れだけの位相遅れで給電しているかを示す。

つぎに，図 3.46 を用いてこの配置が円偏波を発生させることを説明する。ここで，各パッチ素子は交差偏波を無視できる直線偏波素子であり，パッチ A が ωt（ω：角周波数，t：時間）で給電されており，各パッチへの給電振幅が等しいと仮定する。$\omega t = 0°$ においては，パッチ A とパッチ C のみ給電されることになるが，パッチ A とパッチ C は位相が $180°$ 違うために，給電点に対する電界の向きが逆であることを考慮すると，この配置においてこれらのパッチの電界の向きは同じになる。よって図中において上向きになる。つぎに $\omega t = 90°$ においては，パッチ A, D は給電振幅が 0 になり，パッチ B と D のみへ給電される。このときパッチ B–D 間は位相が $180°$ 異なるために，結果的に放射電界の向きは同じになる。同様に，$\omega t = 180°, 270°$ においては，それぞれ $\omega t = 0°$，$90°$ のときと電界の向きが逆になるもののそれぞれ同じ議論となる。よって，合

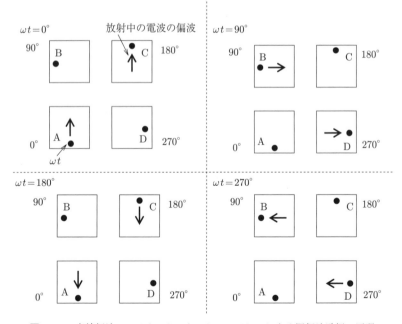

図 3.46　直線偏波アンテナのシーケンシャルアレーによる円偏波励振の原理

3.6 シーケンシャルアレーによる円偏波の励振　　115

成された電界は回転することになる。このとき，放射方向が紙面に対して垂直手前方向だと仮定すると，LHCP になることがわかる。

以上のような4素子による円偏波合成の原理を N 素子を用いた場合へ一般化した様子を，図 **3.47** に示す[41]。図の $n=1$（または，任意のある素子）を基準として，その他の各素子の回転角 ϕ_n と励振位相 α_n を同一に設定すると，次式のような関係を満たすと円偏波が合成できる。

$$\phi_n = -\alpha_n = \frac{P(n-1)\pi}{N} \tag{3.90}$$

ここで，P は $1 \leqq P \leqq N-1$ を満たす自然数であり，n は素子番号である。図 3.47 においては，放射方向を紙面に対して垂直手前とすると LHCP の放射となる。また，各素子は円偏波でもよく，この場合の効果についてはつぎの 3.6.2 項で説明する。

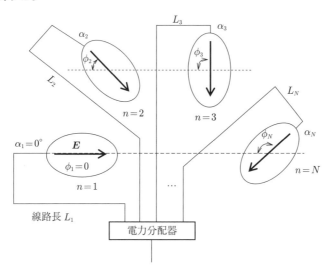

図 **3.47** N 素子の直線偏波アンテナのシーケンシャルアレーによる円偏波の励振

3.6.2　円偏波アンテナの回転配置による AR 帯域の広帯域化

以上の方法の応用として，図 **3.48** のように，円偏波素子をシーケンシャル

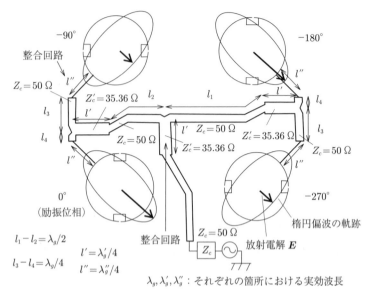

図 3.48 円偏波アンテナのシーケンシャル配置アレーの給電回路と円偏波帯域外における円偏波励振（RHCP）

に回転させて配置することで，円偏波を得られる帯域を広げることができる。各円偏波素子は，周波数 f_s を中心に $f_{s1} \leq f \leq f_{s2}$ 間の帯域で所望の AR 以下の円偏波が得られるとする。この場合，$f < f_{s1}$ および $f_{s2} \leq f$ においては AR は大きく，直線偏波に近い偏波であると考えられる。ここで，この素子をシーケンシャル回転配置することによって，$f \leq f_{s1}$ および $f_{s2} \leq f$ の周波数においても円偏波が励振可能になり，円偏波の帯域が広帯域化できることになる[41),42)]。

円偏波パッチアンテナでシーケンシャルアレーを 4 素子で構成する給電回路の例はいくつか知られているが[43)]，その一例を図 3.48 に示している[44)]。アンテナ素子に書かれた位相角は，左下の素子への給電を基準とした各素子の励振位相（給電位相）である。素子間の位相差を図に示すように設けるために，各素子への給電回路の長さがうまく調整されている。具体的には，90°の位相遅れを実現する部分ごとに，各線路の実効波長の 4 分の 1 だけ長さを延長してい

3.6　シーケンシャルアレーによる円偏波の励振　　117

る。また，アンテナ素子に描かれた矢印は，左下のパッチの放射電界の向きが
他の素子においても同じ方向となる。また，円偏波を得られる帯域外における
楕円偏波の長軸と短軸も示してある。これらは励振位相の遅れとアンテナ素子
の回転を考慮すると，すべての素子において放射される電界の向きは揃うこと
になる。なお，この構成から放射される円偏波は RHCP である。一方，前述の
図 3.46 における直線偏波素子による議論では，偏波が完全な直線偏波である点
が異なる。

　また，図中の給電回路は基本的に特性インピーダンスを $50\,\Omega$ とするように設
計しているが，各分岐回路においては合成インピーダンスが $25\,\Omega$ となるため，
$50\,\Omega$ とのインピーダンス整合を行うために，式 (1.12) に基づいた特性インピー
ダンス Z'_c で，実効波長 λ_g の 4 分の 1 に相当する長さ l' のインピーダンス整合
回路が挿入されている。また，各パッチ素子の外縁付近に給電点を設けている
ため，パッチの入力インピーダンスが高くなるため整合回路が必要である。以
上は 4 素子アレーの例であるが，これらをブランチ回路と組み合わせて，例え
ば 64 素子アレーなどの大規模なアレーも構成可能であり，交差偏波を十分抑え
た低い AR を広い帯域で実現できる[45]。

　その他のアレー構造にペア配列[46],[47]が知られており，その給電回路の一例
を図 3.49 に示す[44]。アンテナ素子の励振位相は基本的に $0°$ と $90°$ の関係で
あり，上下のパッチ間において $90°$ 回転している関係にある。これらは給電部
の角度差の $90°$ と励振位相差の $90°$ の位相差が相殺されて，同位相でそれぞれ
の素子から励振される。この配置においても比較的広帯域な円偏波特性が得ら
れる。ただし，アンテナ素子単体の AR のよいほうが，帯域が広がりやすい傾
向にある。

　以上，円偏波アンテナをアレー配置することで軸比帯域が広がることを述べ
た。これらは帯域外の直線偏波に近い偏波を円偏波に変換するため，アレー配
置が円偏波を発生させる仕組みを有している。しかしながら，円偏波アンテナ
素子単体の軸比が動作周波数で高い場合，これは交差偏波成分が強いことを意
味するが，素子の交差偏波とアレー配置が発生させる主偏波との合成で軸比が

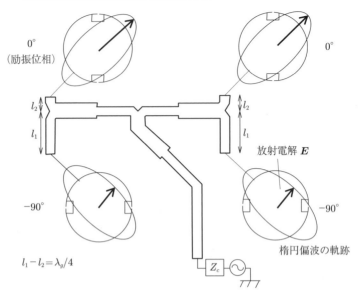

図 3.49 円偏波アンテナのペア配置アレーの給電回路と円偏波帯域外における円偏波励振 (LHCP)

さらに高くなり，主偏波となるセンスの円偏波の利得が下がることに注意すべきである．

3.7 マイクロストリップ線路アレーアンテナ

マイクロストリップ線路の終端を特性インピーダンスで終端すると，線路上に進行波のみを励振できる．これを応用した**マイクロストリップ線路アレーアンテナ**による円偏波励振の例がいくつか知られている[48]．

円偏波アレーアンテナの形態の一つとして，マイクロストリップ線路の形状を用いた構造の例を図 **3.50** に示す．図 (a) は**ランパート線路アレーアンテナ**であり[49]，例えば，$a=(3/8)\lambda$, $b=(1/2)\lambda$, $c=(1/4)\lambda$ で円偏波が発生する．図 (b) は**チェーンアレーアンテナ**である[50]．また，図 (c) は**方形ループアレーアンテナ**であり[51]，ヘリカルアンテナの動作に近いことが容易に想像できる．さらに図 (d) は**クランク線路アレーアンテナ**であり[52]，図 (e) は**ヘリンボン**

アレーアンテナ[53]である。図(f)は**スロットダイポールアレーアンテナ**[54]として知られている。

図(a)〜(f)の特性はたがいによく似ており，例えば図(a)のランパート

(a) ランパート線路アレーアンテナ

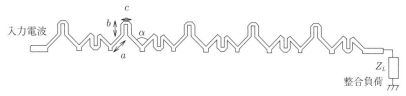

(b) チェーンアレーアンテナ

(c) 方形ループアレーアンテナ

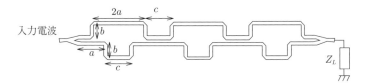

(d) クランク線路アレーアンテナ

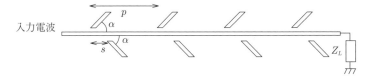

(e) ヘリンボンアレーアンテナ

図 3.50 円偏波を励振するマイクロストリップ線路アレーアンテナ

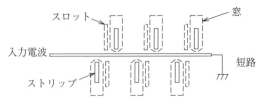

(f) スロット-ダイポールアレーアンテナ

図 3.50　円偏波を励振するマイクロストリップ線路アレーアンテナ（つづき）

線路は，1dB 以下の AR を実現しており，入力ポートにおけるリターンロスは 10dB 以上である。これらのアンテナは，ビーム方向や AR は周波数に依存する。入力ポートは図においては左側に示してあったが，右側に入力して左側を終端すれば，円偏波の旋回方向が逆転する。このようなメリットがあるマイクロストリップ線路アレーであるが，円偏波で動作する帯域が狭いという短所がある。なお，図 (a)〜(c) については，その設計公式も発表されている[55],[56]。

つぎに，それぞれの線路の円偏波発生の原理を簡単に説明する[6]。図 (a) のランパート線路アレーアンテナについては図 3.51 (a) に示してある。この図において，実線は長さ半波長の進行波の電流，破線は長さ半波長の反射波（折曲げ箇所などによる反射）による電流である。円偏波の発生に関しては，基本的には U 字型を形成する垂直な 2 本の素子上を同じ方向に流れるこれら二つの電流と，U 字素子の左右の水平な素子上の同じ向きの電流で円偏波を形成する。また，合成電界の方向をそれぞれの図の右側に示したが，これに寄与している電流には○印を付けた。また，電界のフェーズは $\omega t = 0°, 90°$ のみを示してあるが，それぞれの電流の方向を逆転させれば，それぞれ $\omega t = 180°$ と $270°$ の分布になる。

同様に，図 3.50 (b) の電流分布を図 3.51 (b) に示す。考え方は同様であるが，$\omega t = 90°$ 時の横方向の電界形成に寄与するのは，V 字形素子の電流の合成であると思われる。

図 3.50 (c) については，ループ素子と進行波で励振した場合の円偏波の発生であり，図 3.10 に基づいて説明できる。

また，図 3.50 (d) の電流分布を図 3.51 (c) に示す。この図によると，電流

3.7 マイクロストリップ線路アレーアンテナ

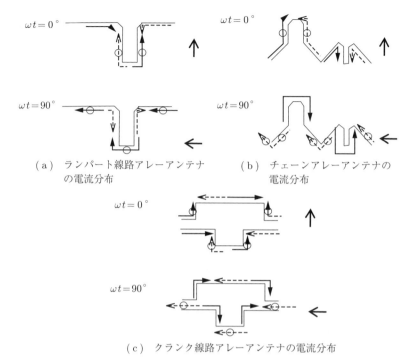

図 3.51 マイクロストリップ線路アレーアンテナの電流分布

同士でたがいに打ち消し合っている部分が多いため，放射に寄与している部分の特定に関してはいくつか解釈があると思われる。

図3.50(e)においては線路の両側に素子があり，たがいの間隔 s を実効波長 λ_g の4分の1にすると円偏波が発生する。

図3.50(f)においては他と異なり終端は短絡している。この場合，先端から実効波長 λ_g の4分の1だけ手前では電流は最小であると共に，電圧が最大であるためダイポール素子が結合し，図の垂直方向に電界を発生させる。また，さらに4分の1波長手前では，電流が最大であるためスロットが励振されるが，図の水平方向に電界が発生する。よって，ダイポール素子とスロットから発生する電界は，たがいに垂直であると共に位相が90°ずれるため，円偏波が発生する。

引用・参考文献

1) H.A. Wheeler: "A helical antenna for circular polarization", *Proc. IRE*, Vol.35, pp.1484–1488 (1947)

2) C.A. Balanis: "Antenna Theory", 3rd Edition, p.569, Wiley (2005)

3) J.D. Kraus: "The helical antenna", *proc. IRE*, pp.263–274 (1949)

4) J.D. Kraus and R.J. Marhefka: "Antennas: For All Applications", 3rd ed., McGraw–Hill (2002)

5) 山田吉英，道下尚文："小形ノーマルモードヘリカルアンテナの設計法と性能"，電子情報通信学会論文誌，Vol.J96–B，9，pp.894–906 (2013)

6) 電子情報通信学会 編：アンテナ工学ハンドブック，オーム社 (2008)

7) 後藤尚久・中川正雄・伊藤精彦 共編：「アンテナ・無線ハンドブック」，1.3.1 項 ヘリカルアンテナ（山本学担当分），オーム社，pp.150–151 (2006)

8) 築地武彦：「電波・アンテナ工学入門」，総合電子出版社 (2002)

9) W.L. Stutzman and G.A. Thiele: "Antenna Theory and Design", John Wiley & Sons (1998)

10) 虫明康人：「アンテナ・電波伝搬」，コロナ社 (1961)

11) H.A. Wheeler: "Simple Inductance Formulas for Radio Coils", *Proc. IRE*, Vol.16, pp.1398–1400 (1928)

12) T. Tsukiji, M. Yamasaki and K. Miyahara: "Normal mode helical antenna for wireless LAN", *ITG FACHBERICHT*, 5A4, pp.195–198 (2003)

13) 宇野　亨，白井　宏：「電磁気学」，コロナ社 (2010)

14) W.W. Hansen and J.R. Woodyard: "A New Principle in Directional Antenna Design", *Proc. IRE*, Vol.26, 3, pp.333–345 (1938)

15) 塩川孝泰，唐沢好男："軸モードヘリカルアンテナの放射特性"，電子通信学会論文誌，Vol.J63–B，2，pp.143–150 (1980)

16) E.M. Turner: "Spiral Antenna", U.S. Patent, 2 863 145 (1958)

17) T. Mushiake: "Self–Complementary Antennas: Principle of Self–Complementarity for Constant Impedance", Springer (1996)

18) J.D. Dyson: "The Equiangular Spiral Antenna", *IRE Trans. Antennas and Propagation*, Vol.7, pp.181–187 (1959)

19) J.A. Kaiser: "The Archimedean Two–Wire Spiral Antenna", *IRE Trans. Antennas and Propagation*, pp.312–323 (1960)

引　用　・　参　考　文　献　　*123*

20) J.L. Volakis: "Antenna Engineering Handbook", Fourth ed., Chapter 13 (Authored by D.S. Filipovic and T. Cencich), McGraw–Hill (2007)

21) M.S. Wheeler: "On the Radiation from Several Regions in Spiral Antennas", *IRE Trans. Antennas and Propagation*, Vol.9, pp.100–102 (1961)

22) H. Nakano, K. Kikkawa, Y. Iitsuka and J. Yamauchi: "Equiangular Spiral Antenna Backed by a Shallow Cavity With Absorbing Strips", *IEEE Trans. Antennas Propag.*, Vol.56, 8, pp.2742–2747 (2008)

23) H. Nakano, S. Sasaki, H. Oyanagi, Y. Iitsuka and J. Yamauchi: "Cavity–backed archimedean spiral antenna with strip absorber", *IET Proc. Microw. Antennas Propag.*, Vol.2, 7, pp.725–730 (2008)

24) W.L. Curtis: "Spiral Antennas", *IRE Trans. Antennas Propoag.*, Vol.8, pp.298–306 (1960)

25) H. Nakano, K. Nogami, S. Arai, H. Mimako and J. Yamauchi: "A spiral antenna backed by a conducting plane reflector", *IEEE Trans. Antennas Propag.*, Vol.34, 6, pp.791–796 (1986)

26) H. Nakano, Y. Shinma and J. Yamauchi: "A Monifilar Spiral Antenna and Its Array above a Ground Plane–Formation of a Circularly Polarized Fan Beam", *IEEE Trans. Antennas Propag.*, Vol.45, 10, pp.1506–1511 (1997)

27) H. Nakano, T. Igarashi, H. Oyanagi and J. Yamauchi: "Unbalanced–mode spiral antenna backed by an extremely shallow cavity", *IEEE Trans. Antennas Propag.*, Vol.57, 6, pp.1625–1633 (2009)

28) 後藤尚久：「図説・アンテナ」，電子情報通信学会，コロナ社 (1995)

29) D.M. Pozar: "Microwave Engineering", Third Ed., Wiley (2004)

30) 羽石　操，平澤一紘，鈴木康夫：「小形・平面アンテナ」，電子情報通信学会編，コロナ社 (1996)

31) M.F. Bolster: "A New Type of Circular Polarizer Using Crossed Dipoles", *IRE Trans. Microwave Theory Tech.*, pp.385–388 (1961)

32) 新井宏之：「新アンテナ工学」，総合電子出版社 (1996)

33) K.R. Carver and J.W. Mink: "Microstrip Antenna Technology", *IEEE Trans, Antennas and Propagation*, Vol.29, 1, pp.2–24 (1981)

34) 羽石　操，吉田信一郎："1点給電による方形円偏波 MSA の一設計法"，電子情報通信学会論文誌，J64–B，4，pp.225–231 (1981)

35) N. Yoneda, M. Miyazaki, H. Hatsumura and M. Yamato: "A design of Novel Grooved Circular Waveguide Polarizers", *IEEE Trans., Microwave Theory*

124   3. 円偏波アンテナの基本的構成

Tech., Vol.48, 12, pp.2446–2452 (2000)

36) 石田修己, 蟹谷正二郎, 武田文雄：``金属ポストを用いた広帯域な円偏波発生器の一設計法'', 電子情報通信学会論文誌 (B), Vol.J63–B, 9, pp.908–915 (1980)

37) G. Bertin, B. Piovano, L. Accatino, M. Mongiardo: "Full–wave Design and Optimization of Circular Waveguide Polarizers With Elliptical Irises", *IEEE Trans. Microwave Theory Tech.*, Vol.50, 40, pp.1077–1083 (2002)

38) M. Chen and G. Tsandoulas: "A wide–band square–waveguide array polarizer", *IEEE Trans. Antennas Propag.*, Vol.21, 3, pp.389–391 (1973)

39) Marc J. Franco: "A High–Performance Dual–Mode Feed Horn for Parabolic Reflectors with a Stepped–Septum Polarizer in a Circular Waveguide", *IEEE Antennas and Propagation Magazine*, Vol.53, 3 (2011)

40) J. Huang: "Technique for an array to generate circular polarization with linearly polarized elements", *IEEE Trans. Antennas and Propagation*, Vol.34, 9, pp.1113–1123 (1986)

41) T. Teshirogi, M. Tanaka and W. Chujo: "Wideband circularly polarized array antenna with sequential rotations and phase shift of elements", *Int'l, Symp. on Antennas and Propagation (ISAP1985)*, pp.117–120 (1985)

42) M. Haneishi: "Circularly polarized SHF planar array composed of microstrip pairs element", *Int'l, Symp. on Antennas and Propagation (ISAP1985)*, pp.125–128 (1985)

43) M.N. Jazi and M.N. Azarmanesh: "Design and implementation of circularly polarised microstrip antenna array using a new serial feed sequentially rotated technique", *IEE Proc. Microw. Antennas Propag.*, Vol.153, 2 (2006)

44) 木村雄一：「平面アレーアンテナの設計」, アンテナ・伝搬における設計・解析手法ワークショップテキスト（第 49 回）, 電子情報通信学会アンテナ・伝播研究専門委員会主催 (2015)

45) A. Chen, Y. Zhang, Z. Chen and C. Yang: "Development of a Ka–Band Wideband CIrcularly POlarized 64–Element Microstrip Antenna Array with Double Application of the Sequential Rotation Feeding Technique", *IEEE Antennas and Wireless Propagation Letters*, Vol.10, pp.1270–1273 (2011)

46) T. Chiba, Y. Suzuki and N. Miyano: "Suppression of higer modes and cross polarized component for microstrip antenna", *IEEE AP–S Int. Symp. Dig.*, pp.285–288 (1982)

47) 羽石 操, 吉田信一郎, 後藤尚久：``パッチアンテナとそのペア'', 電子通信学会

技術報告, Vol.81, 175, AP81–102, pp.39–42 (1981)

48) P.S. Hall: "Review of Techniques for Dual and Circular Polarized Microstrip Antennas", Microstrip Antennas (Edited by D.M. Pozer and D.H. Schaubert), pp.107–127, IEEE Press (1995)

49) P.S. Hall: "Microstrip linear array with polarization control", *Proc. IEE*, Vol.103H, pp.215–224 (1983)

50) J. Henriksson, K. Markus and M. Turi: "Circularly polarized traveling wave chain antenna", *Proc. 9th European Microwave Conf.*, pp.174–178 (1979)

51) T. Makimoto and S. Nishimura: "Circularly polarized microstrip line antenna", *US patent*, 4 398 199 (1983)

52) S. Nishimura, T. Sugio and T. Makimoto: "Crank type circularly polarized microstrp line antenna", *IEEE Antenna and Propagation Symposoium*, pp.162–165 (1983)

53) R.P. Owens and J. Thraves: "Microstrip antenna with dual polarization capability", *Proc. Military Microwaves Conf.*, pp.250–254 (1994)

54) K. Ito, K. Itoh and H. Kogo: "Improved design of series fed circularly polarized printed linear arrays", *Proc. IEE*, Vol.133H, pp.462–466 (1986)

55) K. Ito, T. Teshirogi and S. Nishimura: "Circularly Polarized Antenna Arrays", in *Handbook of Microstrip Antennas*, Vol.1 (J.R. james and P.S. Hall Eds.), Peter Peregrinus, London, UK (1989)

56) R. Garg, P. Bhartia, I. Bahl and A. Ittipiboon: "Microstrip Antenna Design Handbook", *Artech House*, pp.520–523 (2000)

4章

円偏波アンテナの実際

　前章においては，円偏波アンテナの基本的な構造と円偏波発生のメカニズムについて解説した．本章においては，円偏波の発生のみならず，ARの改善，アンテナの小型化，円偏波帯域の広帯域化などを中心に，特性の向上技術について述べる．

4.1　4点給電法による円偏波の励振

　3章で述べたアンテナは円偏波を励振するが，2点給電の場合，各給電点において等振幅かつ90°の位相差を実現してもARが十分小さくならない場合がある．これは交差偏波が発生するからであり，円偏波アンテナにおいては交差偏波を低くすることはよいARの円偏波を放射する上で重要である．このためにはアンテナの形状が対称であるほうがよい．2点給電の場合，二つの給電点が結合し，交差偏波が発生することが知られている．この対策として考えられる技術の一つに，直交偏波のパッチアンテナの給電点をオフセットさせ，交差偏波と同じ振幅で逆位相の交差偏波を発生させることで，低交差偏波化を実現する方法が提案されており[1]，2点給電の円偏波アンテナにおいても低交差偏波化のよいヒントになる．一方，外部回路が複雑になるものの，4点給電構造は円偏波の交差偏波低減にたいへん効果的であることも知られている[2]．

　パッチアンテナを例に挙げると，**4点給電法**による円偏波発生のための給電回路は図4.1のような回路が典型的である．入力ポートから給電された信号は，ウィルキンソン電力分配器（WD_1）により同相で二つに分配されるが，うち一

4.1 4点給電法による円偏波の励振

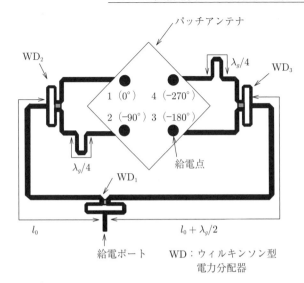

図 4.1 4点給電回路円偏波パッチアンテナとマイクロストリップ線路による給電回路

方の出力にある線路長 l_0 の給電線路がつづくのに対し，もう一つの出力には $l_0 + \lambda_g/2$ の長さの線路がつづく。ここで λ_g はマイクロストリップ線路の実効波長である。よって，これらの出力はほぼ等振幅でありながら位相が $180°$ 異なる。これらの出力はさらに WD_2 および WD_3 で同相で分配された後に，$\lambda_g/4$ の線路がそれぞれの分配器の出力のうち一つずつにつづくことになる。以上の結果，図 4.1 のように，四つの給電点に位相間隔を $90°$ ずつ空けて給電することができる。このような給電回路は前述のように交差偏波を低く保ちつつ円偏波を発生できる。

4.1.1 2点給電法における交差偏波発生のメカニズムと4点給電法による対策

4点給電が交差偏波を低く抑えるメカニズムについて述べるが，その前に2点給電において交差偏波が発生する原因について述べる。図 4.2 (a) には二つの給電点を備えた方形パッチアンテナを示す。2点給電の場合，二つの給電点の位相差は $90°$ であるため，給電点1で給電されている瞬間において給電点2

128   4. 円偏波アンテナの実際

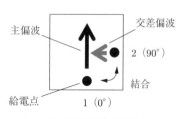

(a) 二つの給電点を備えた
    方形パッチアンテナ

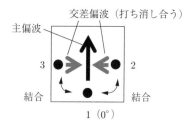

(b) 三つの給電点を備えた
    方形パッチアンテナ

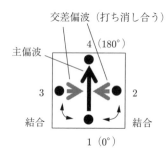

(c) 四つの給電点を備えた
    方形パッチアンテナ

図 4.2 交差偏波発生のメカニズムと 4 点給電法による交差偏波対策方法

では給電されない。この状態の給電位相を $\omega t = 0°$ と表す。ここで,ω は給電信号の角周波数,t は時間である。このとき,実際には給電点の 1 と 2 の間には結合が起こることが考えられ,この場合給電点 2 においても事実上給電され,交差偏波が発生する。このように二つの給電点の結合が交差偏波の原因となる。

つぎに交差偏波を抑える方法であるが,図 (b) のように給電点 2 と対称な位置に給電点 3 を設ける。このような状況においては,給電点の 1–2 間と 1–3 間において結合量は等しく,各給電点において位相は等しくなると考えられる。よって 2, 3 から発生する偏波の向きを考慮すれば,交差偏波はたがいに打ち消し合うことがわかる。

しかし,図 (b) では $\omega t = 90°$ になり,給電点 2 に給電された時点で交差偏波の原因となる給電点 1 と対称な位置に給電点が必要である。よって,図 (c) のように給電点 4 が必要となる。この場合,$\omega t = 0°$ の際に給電点 1 で給電す

る場合，給電点4において位相差180°を与えて同時に給電すれば，図(b)と図(c)は等価となる。

よって，交差偏波を抑えるためには4点給電法が有効であり，図4.1のように向かい合う給電点間の位相差を180°とし，隣り合う給電点間においては位相差90°となるように給電すればよい。

4.1.2 4点給電法によるヘリカルアンテナ

4点給電による4線巻ヘリカルアンテナである **QHA**（quadrifilar helix antennas）もよく知られており[3]~[5]，GPSへの応用が多い。4点給電のため，交差偏波が小さいと同時に放射パターンが地板の法線方向に主ビームが向いたカーディオイド形になり，円偏波の送受信を広い角度内にわたり行うことができる。QHAは，巻数を多くして進行波アンテナにしてもよいが，短くしてもよい。この場合の形状を図4.3(a),(b)に示す。このとき，素子の長さ L_H は

$$L_H = m\frac{\lambda}{4} \quad (m = 1, 2, \ldots) \tag{4.1}$$

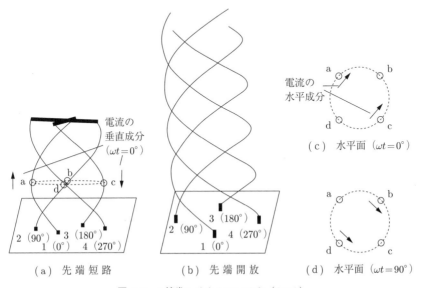

図 4.3　4線巻ヘリカルアンテナ（QHA）

130　　4.　円偏波アンテナの実際

のように選ばれる。ここで m は自然数であり，m が奇数の場合は図 (a) のように先端を短絡するが，偶数の場合は図 (b) のように開放する。地板上の四つの給電は，前述の 4 点給電のパッチアンテナのごとく，向かい合った給電点間の位相が 180°，隣り合う給電点間で 90° とすべきである。

つぎにこのアンテナの動作について説明する。図 (c) および図 (d) は，素子を地板に平行に輪切りにした仮想面を流れる電流の水平成分であり，それぞれ $\omega t = 0°$ と $\omega t = 90°$ の場合における電流の様子である。ここで，素子の垂直成分であるが，図 (a) に示すように向かい合う素子間では給電位相差が 180° であるため，たがいに逆方向になり打ち消し合う。よって，図 (c) および図 (d) に示した水平面での電流が円偏波放射に寄与する。図 (c) および図 (d) に見られるように，位相が 90° 進行する間に放射に寄与する電流の向きが空間的に 90° 回転し，円偏波の放射に寄与することがわかる。この説明はヘリカル素子の縦方向（地板の法線方向）のどの位置における仮想面でも成立し，カーディオイド形の放射パターンを生成する。

実際，QHA は小形 GPS アンテナとして市販されているが，プリント基板状にヘリカルパターンを作成し，それを筒状に丸める形で作成された **PQHA**（printed quadrifilar helix antennas）や，高い誘電率の材料上に作成されて小型化したものもある。また，マルチバンド化のために，小さ目のヘリカル素子を大き目のヘリカル素子内に入れたものも知られている[5]。また，マルチバンド化のために，ヘリカル素子の途中に集中定数素子を入れてもよい[6]。

QHA の設計例　　QHA の設計例を示す。まずは，図 4.3 (a) の先端を短絡した構造に対して周波数を 1 GHz と仮定すると，式 (4.1) にて $m = 1$ の場合，各素子の長さは $L_H = \lambda/4 = 75$ 〔mm〕となる。設計上は，**図 4.4** のシミュレーションモデルに示すように，地板上（半径 $R_g = 200\,\text{mm}$）に 4 箇所の給電点を考え，図 4.4 のように半径 $R_f = 40\,\text{mm}$ となる円周上に等間隔に配置する。このとき，給電点は x 軸および y 軸上に配置する。各給電点からは長さ L_H の長さの線状素子が伸びる形となるが，各放射素子の形状は $D = 80\,\text{mm}$，

4.1 4点給電法による円偏波の励振　　　*131*

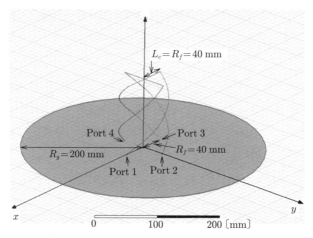

図 4.4　QHA のシミュレーションモデルの一例

$S = \sqrt{L_H^2 - D^2} = 63.44$ [mm]，0.5 巻のヘリカル素子とする。ヘリカルの旋回方向は $+z$ 方向に対して右旋回転をしている。各線状素子は直径 0.8 mm の完全導体としている。各線状素子の先端同士は，図のように長さ $2L_c$ の線状素子（直径 0.8 mm，完全導体）を十字形に交差させて短絡させる。

図 4.5 に各ポートにおける入力インピーダンスを示す。815 MHz 付近が動作周波数として使用できそうであるが，設計時に仮定した 1 GHz に比べると低

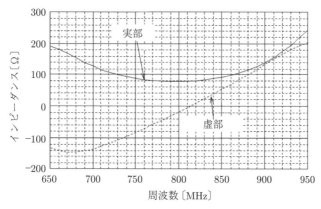

図 4.5　QHA のインピーダンス

い．この原因は素子先端における短絡素子の影響と素子間結合である．またこの特性から，本 QHA は，素子長が波長より短く狭帯域アンテナであることがわかる．

つぎに，QHA の放射パターンを図 4.6 に示す．周波数 815 MHz において主偏波は LHCP であり，カージオイド型の放射指向性をもつことがわかる．一方で交差偏波は $+z$ 方向からおよそ $\pm 90°$ 以内の範囲で主偏波より 15 dB 以上低く，十分な AR（3 dB 以下）の円偏波が広角に放射できることがわかる．さらに 15 dB 程度の大きな FB 比も確認できる．以上の放射パターンは QHA の長所を表している．

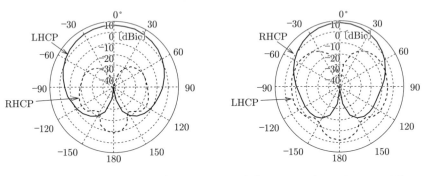

図 4.6　QHA の放射パターン

また，円偏波のセンスについて考えてみる．図 4.6（a）は四つの給電位相について，隣り合う各 Port 間の位相差は $90°$ となっており，一番位相が進んでいる給電点が Port 4 である．この位相配置は，図 4.1 で示したパッチアンテナなどでは $+z$ 方向に対して LHCP を発生させる配置であり，事実，本 QHA で主偏波は LHCP が得られている．ここで，ヘリカル素子の旋回方向は主偏波と逆である点に注目すべきである．一方で，図（b）については Port 間の位相の進み遅れが図（a）と逆であり，Port 1 が一番進んでいる．これは，$+z$ 方向に RHCP を発生させる給電点配置であると同時に，そのセンスが素子の旋回方向

と同じである。実際，図に示されているごとく主偏波は RHCP であるが，交差偏波（LHCP）レベルが図 (a) に比べて高いことがわかる。

結果として，主偏波は給電点の位相配置で決まるが，給電点が発生させる円偏波のセンスは，素子の回転方向と逆であるほうが広角の円偏波が発生しやすいことがわかる。以上の関係は興味深いが，この議論は 2.3 節で述べたように，円偏波のセンスは固定された場所における電界の時間に関する旋回方向で決まり，時間が止まった場合の空間的な旋回方向とは逆であることと結び付けて理解するとよい。

QHA は，3 章で紹介した軸モードヘリカルに比べると 4 点給電のための位相回路が必要である一方で，QHA のメリットは，FB 比が高くかつ広角に円偏波を放射できるそのカージオイド形の放射パターンにあると考えられる。小形であれば共振型になるが，大形にすれば進行波励振も可能で広帯域動作も考えられる。

4.2　円偏波アンテナの広帯域化

広帯域円偏波アンテナは最近盛んに検討されており，移動体向け衛星通信や，無線 LAN，**RFID**，**DBS**（digital broadcasting system），**GNSS**（global navigation satellite system），レーダなどの応用が提案されている。スパイラルアンテナや軸モードのヘリカルアンテナは構造的にそのようなアンテナであることはすでに述べたが，その一方でアンテナの小型化や高い利得，分散性を抑える必要性などから，これら以外のアンテナに円偏波を得る技術を取り込み，広帯域化する試みが行われてきた。例えば，パッチアンテナは元々狭帯域な直線偏波アンテナであるが，軽量かつ低姿勢であり，さらに製作コストも安いなどの多くのメリットがあり，これを円偏波化し，かつ広帯域化する試みが行われてきた。本節においては，まずパッチアンテナの例を紹介する。さらに導波管型アンテナのような開口型の円偏波アンテナの技術についても紹介する。

4.2.1 パッチアンテナのインピーダンス帯域の広帯域化

円偏波パッチアンテナの広帯域化については長い間検討されてきた。まず，直線偏波のパッチアンテナの広帯域化について述べ，その後，AR の帯域の拡大についていくつか述べる。

パッチアンテナは元来狭帯域であるが，整合がとれる帯域の広帯域化技術が知られている。まず，図 4.7 (a) に示すように複数の素子を積層するなどして複数の共振を導入し，10〜20%程度の比帯域が報告されている[7]〜[11]。また，図 (b) のように厚い基板や空気層を使用し，かつ給電部にはマイクロストリップ線路を使用して給電部に誘導性が出ないように給電する方法が知られている[12],[13]。図においては，パッチと地板間に垂直にマイクロストリップ線路が挿入されているが，この線路の地板とパッチ間のギャップをうまく選べば，50%程度の帯域も実現可能である。さらに，図 (c) に示す L 形プローブ[14]〜[16]を導入し，インピーダンスの虚部についてパッチアンテナの並列共振特性を L 形プローブのもつ直列共振特性で打ち消し合うことで，36%程度の比帯域を実現できることが知られている。ただし，この方法はプローブからの放射の影響があり，交差偏波が強くなる傾向がある。また，ハニカム構造，すなわち低い誘電率の基板

(a) パッチの積層による広帯域化

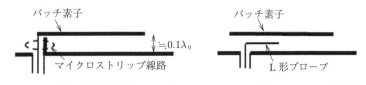

(b) 厚い空気層と伝送線路による給電　　(c) L 形プローブによる給電

図 4.7　広帯域パッチアンテナ

の導入により，アンテナの Q 値を低減して 9% 程度に広帯域化する技術も知られている[17]。

一方で，このようなパッチアンテナの広帯域化技術においては，その基本的考え方はパッチ素子と地板間を大きくすることで Q 値を下げ，広帯域にインピーダンスの整合をとるものが多い。このような構造の場合，特に H 面内において交差偏波が大きくなる[18]。また広帯域に整合をとり高次モードの帯域まで使用すると，高次モードの分布の影響で交差偏波が大きくなる。

また，近年，図 4.8 に示すような周期構造を用いたパッチアンテナの広帯域化について活発に研究されている[19)~30)]。この構造は図 (a) のような構造であり，パッチアンテナと地板の間に小さな金属パッチによる周期構造をもつ。この周期構造部分は，最近では**メタ表面**（metasurface）と呼ばれることが多いが†，通常の良導体においては反射時に電界の位相が 180° 反転するのに対し，メタ表面においては図 (b) のように，ある特定の周波数 f_M においては反射時に

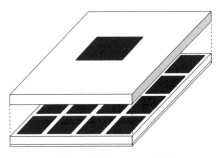

(a) メタ表面を用いたパッチアンテナ

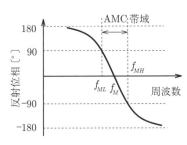

(b) メタ表面の反射位相特性

(c) AMC 特性をもつメタ表面を用いたパッチアンテナ

(d) AMC および EBG 特性をもつメタ表面を用いたパッチアンテナ

図 4.8 メタ表面を用いたパッチアンテナ

---

† 呼び方にはいくつかあり，例えば，表面インピーダンスが高いことから**高インピーダンス表面**（high impedance surface, **HIS**）という名前も使用される。

136　　4.　円偏波アンテナの実際

おける移相が $0°$ になる。つまり f_M 前後の周波数においては磁気導体としての働きをする。磁気導体は自然界には見られないため，このような性質をもつ構造を人工的に作成した**人工磁気導体**（artificial magnetic conductor，**AMC**）と呼ばれる。特に，反射位相が $±90°$ となる $f_{ML} \sim f_{MH}$ の周波数帯では，人工的な磁気導体として動作することから，AMC 帯域として定義される。この帯域では電界が同相反射となることから，反射前後の電界は AMC 帯域においては強め合って放射する。よって，パッチアンテナの放射抵抗が広い帯域にわたって増大し，結果的にパッチアンテナが広帯域化する[20]。

メタ表面は近年さまざまな形状が提案されているが，大きく分けると周期構造のパッチと地板間に**スルーホール**がある図 (d) のような構造と，スルーホールのない図 (c) のような構造がある。前者は，メタ表面内の伝搬に対してバンドギャップが AMC 帯域とほぼ同じ帯域に存在する一方，後者は **FSS**（frequency selective surface）と扱われるが，バンドギャップが存在しないことが知られている[21]。また，ビアの有無が f_M に与える影響はわずか（2, 3% 程度）である。

4.2.2　AR の広帯域化

インピーダンスの整合がとれる帯域のみならず，円偏波を広帯域にわたってパッチアンテナで励振する技術がいくつか提案されている。インピーダンスの広帯域化の例と同じ発想で，例えば図 **4.9** (a)，(b) のような素子を厚い空気層と共に用い，さらに誘導性を与えない給電構造[22]や L 形プローブの使用[23]で AR の広帯域化が可能である。前者の場合，4.5 GHz 前後において約 10%（2.4〜2.66 GHz），後者の場合では 2.5 GHz 前後において約 16%（4.15〜4.9 GHz）の 3 dB AR 帯域が報告されている。以上は，厚い空気層（誘電体基板の場合もある）を用い，Q 値を下げて広帯域化する。

つぎに，複数の素子の組合せによる広帯域化について述べる。一般にインピーダンス帯域の拡大の場合と異なり，円偏波の AR 帯域の拡張を狙う場合，単純に異なる共振周波数をもつ円偏波アンテナ素子を組み合わせるだけでは，AR の拡大にはつながらない。なぜならば，二つの素子を考えた場合，うち一つの

4.2 円偏波アンテナの広帯域化

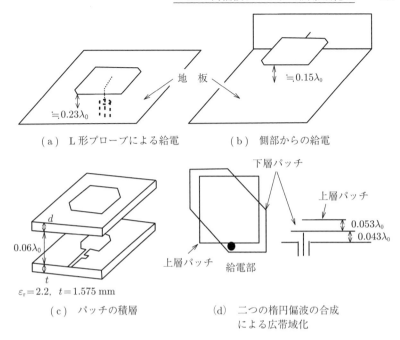

図 4.9　広帯域円偏波パッチアンテナの例

素子の円偏波帯域外では楕円偏波ないしは直線偏波になるため，これをもう一つの円偏波アンテナの AR の低い帯域で動作させたところで，ただ AR の劣化を招くだけであり，逆に AR 帯域の拡大を妨げることになるからである。

しかし，図4.9(c), (d)のように，複数の素子を重ねる技術においては，広帯域な円偏波帯域を実現している。図(c)においては，複数の中央給電型のパッチを積層させることで AR の帯域が 17% 程度に広がっている[24]。これは多重共振によりQ値の低減を狙った結果である。この構造では，上層の無給電パッチが基本的に動作しており，この素子への給電が下層のパッチで行われている。

図(d)においては，下層パッチは楕円偏波を発生する。この素子上の直交する二つの電流は，上層の素子は正方形であっても，直交する二つの電流との結合係数が異なることから楕円偏波が発生する。よって，下層パッチと上層パッ

チがそれぞれ発する楕円偏波の組合せとなるが，これは比較的広帯域にわたって円偏波を発生させる。その結果，1.6 GHz 付近において比帯域 12%の 3 dB AR 帯域が実現できる[25]。

4.2.3　4点給電法による円偏波パッチアンテナの広帯域化

パッチアンテナの広帯域を考える上で，動作周波数ごとに存在する動作モードの理解は重要である。基本モードについては方形パッチアンテナの場合は TM_{10} モードであり，円形パッチアンテナの場合は TM_{11} モードである。それぞれの分布を図 4.10 (a), (b) に示す。これらの電流は給電点を通るパッチの中心線に平行なモードが支配的になり，基本的にこの向きに平行な直線偏波を発生させる。

また，これらの高次モードとして方形パッチにおいては TM_{11} モード，円形パッチにおいては TM_{21} モードが存在する。この場合，後述のように交差偏波

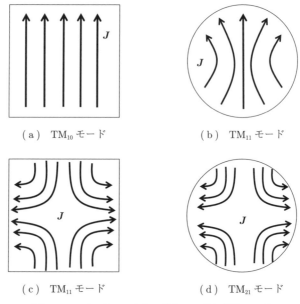

(a)　TM_{10} モード　　　(b)　TM_{11} モード

(c)　TM_{11} モード　　　(d)　TM_{21} モード

図 4.10　パッチアンテナの基本モードと高次モード

の原因となるため対策が必要となる。

パッチアンテナの場合,共振させて動作させることが通常であり,その動作はキャビティ共振器と同様に考えることができる。この場合,通常は基本モードのみ考慮するが,パッチアンテナには給電するための構造が付随される必要があり,このような特異な構造は高次モード発生の原因となる。よって,パッチアンテナの広帯域化を検討する場合,動作周波数が高次モードの存在する帯域と重なることが考えられるため,その影響や対策は十分検討しなくてはならない。

方形パッチアンテナ,および円形パッチアンテナの TM_{mn} モードに関する共振周波数は,それぞれ付録の式 (A.60)[17] および式 (A.76)[18] で求められる。例えば,図 **4.11** に示した方形パッチの場合,$L = 50\,\mathrm{mm}$, $W = 76\,\mathrm{mm}$, $\varepsilon_r = 3.38$,基板の厚さ $h = 1.524\,\mathrm{mm}$ の場合,TM_{mn} の共振周波数 f_{mn} は,$f_{10} = 1.075\,\mathrm{GHz}$, $f_{01} = 1.605\,\mathrm{GHz}$, $f_{11} = 1.955\,\mathrm{GHz}$ である。ここで,パッチアンテナを円偏波アンテナとして使用する場合,$L \simeq W$ となる場合が多いため,TM_{10} と TM_{01} は同じ周波数に縮退するか,摂動により若干異なる程度となる。

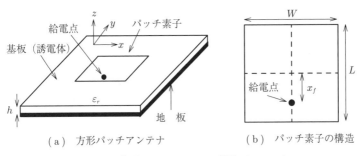

(a) 方形パッチアンテナ　　(b) パッチ素子の構造

図 **4.11** 方形パッチアンテナの構造パラメータ

広帯域化を考える場合,方形パッチであれば基本モードである TM_{10} モードの使用が基礎になるが,同時に高次の TM_{11} モードの存在についても考慮しなくてはならない。なぜなら,TM_{11} モードが前述のように交差偏波が発生する原因となる場合があり[31],特に,基本モードを前提としたアンテナを広帯域化した場合,高次モードの周波数に動作周波数が重なれば,交差偏波の発生原因

4. 円偏波アンテナの実際

となりARが劣化する。

まず,円形パッチアンテナを題材にこのメカニズムについて考えてみる。図 4.12 (a) に示すような給電位置 Port 1, Port 2 をもつ素子に対して 2 点給電を行う。この場合,Port 1 および Port 2 から励振されるモードの等価回路は,図 3.40 のように独立して励振されるのが理想である。この場合,基本モードである TM_{11} モードについては,Port 1 および Port 2 から励振される電流分布が図 (b) のようになる。これらの Port 間には $90°$ の位相差が外部回路などで与えられているため,円偏波が励振される。

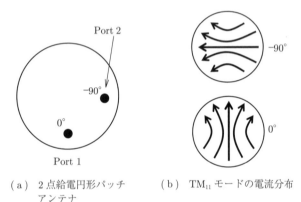

(a) 2 点給電円形パッチ　　(b) TM_{11} モードの電流分布
　　　　アンテナ

(c) TM_{21} モードの電流分布

図 4.12　円形パッチアンテナの動作モード

しかし,もし高次モードである TM_{21} モードが同時に存在するのであれば,その電流分布は各位相において図 (c) のように存在する。この電流分布を図 (a) の給電位置と見比べてみるとわかるように,Port 1–2 間を結ぶように電流が分布するためたがいに結合する原因となり,交差偏波を発することになる。

よって，よい AR を保つためには，TM_{21} の励振を防ぐ必要がある．また，図 4.10 のように TM_{21} は回転対称な分布を形成しつつ電流が縦横に向いており，給電構造などの影響で対称性が崩れれば放射され，やはり交差偏波の原因となる．

〔1〕 **4 点給電法による高次モードの除去**　そこで，この TM_{21} モードの抑制のためには 4 点給電法が有用であることが知られるようになった[32]．この給電方法は，図 4.13（a）のように 90° 間隔ごとに回転対称となる位置に給電点を設け，隣り合う給電点の位相差が 90° になるように給電する構造である．

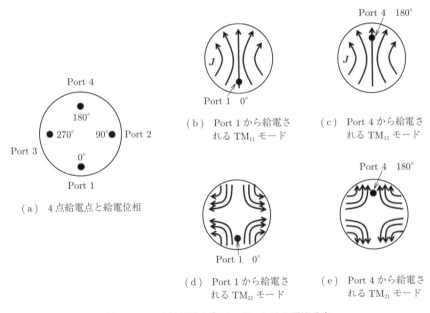

図 4.13　4 点給電法と各モードにおける電流分布

このメカニズムについて説明する．まず，Port 1–4 間および Port 2–3 では，給電される位相差が 180° 異なるために高次の TM_{21} モードは打ち消し合うが，基本モード TM_{11} は打ち消し合わない．これは図（b）〜（e）に示すように，TM_{11} モードと異なり，TM_{21} モードは回転対称な電流分布をしているためである．各給電点において位相が 0° の際に電流を送り出すのであれば，位相が

$-180°$ の際に電流を引き込むことになる。TM_{11} であれば、Port 1 で電流を送り出せば、同時に Port 4 で電流を引き込むために、図 (a) および図 (b) で見られるように、両者は結局同じ電流分布であり、このモードで放射する。しかし、TM_{21} モードにおいては、Port 1 で電流を送り出せば、同時に Port 4 で電流を引き込むため、図 (d) および図 (e) に見られる関係のためにたがいに打ち消し合う。以上のように、この4点給電法においては基本モードは放射するが、回転対称な分布をもつ高次モードは打ち消し合うことになる。

〔2〕 4点給電法による広帯域円偏波アンテナの設計例　つぎに、4点給電法による広帯域な円偏波アンテナの例を紹介する[33]。図 **4.14**(a), (b) にこの構造の側面図と上面図を示す。ここで、$D = 76.5\,\mathrm{mm}$, $H = 26\,\mathrm{mm}$, $L_v = 30.5\,\mathrm{mm}$, $L_h = 11\,\mathrm{mm}$, $S = 9\,\mathrm{mm}$, $R = 0.5\,\mathrm{mm}$, $t = 0.8\,\mathrm{mm}$, $\varepsilon_r = 3.38$

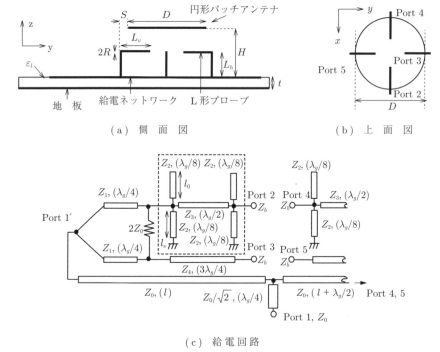

図 **4.14**　4点給電法による広帯域円偏波アンテナの例

である。パッチアンテナの給電には，L形のプローブを用いている。図 (c) には，給電回路のトポロジーを示している。

この回路は文献 34) に報告されている広帯域移相器に基づいている。Port 1 が入力部分であり，4 分の 1 波長の整合回路を通して線路が左右に分かれており，左右のウィルキンソン分配器にそれぞれ接続されている。これらの接続点を Port 1′，Port 1″ とするが，左右対称であるため右半分の回路は図では省略されており，Port 1″ は示されていない。図の左右における唯一の違いは Port 1–1′ 間と Port 1–1″ 間の線路長であり，左右で $\lambda_g/2$ だけ異なる。よって，Port 1″ において分配器へ入力される信号の位相は，Port 1′ に比べて 180° 遅れる。ここで，図中の Z_0 は線路の特性インピーダンスであり，各線路長を ( ) 内に実効波長 λ_g を用いて記してある。

つぎに，Port 1′–2 間と Port 1′–3 間では，線路長が $\lambda_g/4$ だけ異なるため，Port 3 の位相は Port 2 より位相が 90° 遅れる。同様に Port 5 の位相は Port 4 より 90° 遅れる。また上述のとおり，Port 1′ に比べて Port 1″ は 180° 位相が遅れるため，Port 2, 3, 4, 5 の順で位相が 90° ずつ遅れていくため，4 点給電が可能である。この構造では，VSWR < 2 となるインピーダンス帯域が 79.4% であり，82% の 3 dB AR 帯域が実現されている。

図 4.14 (c) 中において，Port 1 で分岐後，二つあるウィルキンソン分配器以降の回路には，中心周波数における実効波長の $(3/4)\lambda_g$ の長さの回路と，$(1/2)\lambda_g$ の回路があり，後者には図の点線枠のように長さ $(1/8)\lambda_g$ の短絡スタブと開放スタブの組合せが二組挿入されている。これにより，二つの出力ポートからは 90° 位相の異なる信号が取り出せると共に，スタブの働きにより，中心周波数より低い周波数では短絡スタブのほうが誘導性アドミタンスで支配的になり，高い周波数では開放スタブのほうが容量性のアドミタンスで支配的になる。これらの働きが位相特性を制御し，比較的広帯域にわたって位相差をほぼ 90° に保つことができる。また，図中の各線路においては，よく使用される $Z_0 = 50\,\Omega$ の特性インピーダンスをもつように設計してよいが，ウィルキンソン分配器については $Z_1 = \sqrt{2}Z_0$ とする。さらに，各特性インピーダンスを以下のように

選ぶと,ボアサイトにおいて,80%ぐらいの比帯域まで $AR\,3\,\mathrm{dB}$ 以下の円偏波が実現できる[33),34)]。

$$Z_2 = 2.51Z_0 \tag{4.2}$$

$$Z_3 = 1.24Z_0 \tag{4.3}$$

$$Z_4 = Z_0 \tag{4.4}$$

つぎに,図 4.14(c) 中の Port 1′–Port 2, 3 間の位相回路についての位相差特性を示す。まず,比較対象として図 4.14(c) 中の点線枠部分を通常の伝送線路とした 90° 位相回路を図 4.15(a) に示す。Port 1′ に入力された信号は,ウィルキンソン電力分配器で等位相かつ等振幅で分割され,Port 2 および

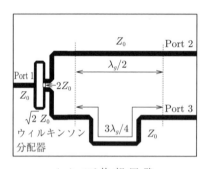

(a) 90°位相回路

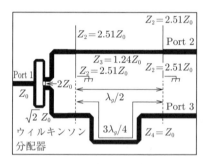

(b) スタブ付き 90°位相回路

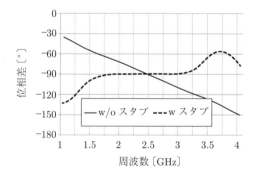

(c) Port2-3 間位相差特性

図 4.15 位相差回路のレイアウト例および位相差特性

4.2 円偏波アンテナの広帯域化 145

Port 3 に出力されるが，2.5 GHz においては Port 1′–2 に比べて Port 1′–3 は
$\lambda_g/4$ だけ長く，位相が 90° 遅れるように設計されている。一方，図 4.15 (b)
は図 4.14 (c) の回路レイアウトであるが，Port 2 より Port 3 のほうが位相
が遅れるように設計されている。以上の図 4.15 (a)（w/o スタブ）および図
4.15 (b)（w スタブ）において，それぞれ ∠Port 2–∠Port 3 間の位相差特性
を図 4.15 (c) に示す。スタブがない場合，位相差は周波数に関して大きく変化
するが，スタブを用いた場合，位相差の周波数に対する変化は小さく抑えられ
ていることがわかる。双方の回路において，振幅差に有意の差が見られないた
め，図 4.15 (b) の位相回路を用いた場合，およそ 1.4 GHz から 3.0 GHz の広
帯域（比帯域 72%）にわたって，AR を 3 dB 以下に抑えることが可能となる。

　同様に，図 4.14 または図 4.15 (b) 中のスタブの代わりに，伝送線路に並列
にインダクタ L，および直列にキャパシタ C を挿入して，広帯域な給電回路を
実現した例も報告されている[35]。これは，メタマテリアル構造に基づく発想を
発展させている[36)~39)]。

4.2.4　広帯域導波管型円偏波アンテナ

　つぎに導波管型の広帯域円偏波アンテナの例を説明する。方形または円形の
導波管を L 形のプローブで励振すると，比帯域 20%以上の広い帯域にわたって
円偏波が発生する[40)]。この帯域は基本モードによるものであるが，前節のパッ
チアンテナと同様，高次モードによりその帯域が制限される。本節では，まず
そのようなアンテナの基本動作について説明し，つぎに，高次モードを取り除
く技術と，その効果について説明する。

　図 4.16 (a) は，断面が正方形の導波管に L 形のプローブを用いた広帯域円
偏波である。図中の給電部付近には誘導性の同軸構造が設けられているが，こ
れは L 形プローブの全長が半波長近くになるために生じたインピーダンスの容
量性を打ち消している。導波管の短絡壁には，$d_p \times d_p \times d_h$ の大きさの角柱が
図中に四つ描いてあるが，まず，$d_p = d_h = 0\,\mathrm{mm}$ として，このアンテナの動
作について説明する[40)]。

146   4. 円偏波アンテナの実際

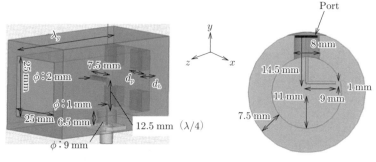

（a）L形プローブと四角柱を組み合わせた導波管型アンテナ

（b）L形プローブを用いた円形導波管型アンテナ（2006©IEEE）

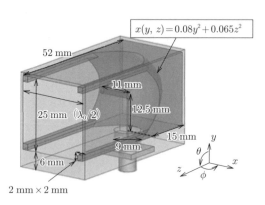

（c）パラボラ形状の短路壁を有する導波管型アンテナ

図 4.16　L形プローブを用いた導波管型アンテナ

図（a）のような断面が正方形をもつ導波管においては，図中の y 方向に平行な電界をもつ TE_{10} モードと，z 方向に平行な電界をもつ TE_{01} モードが縮退できる．これらの間に 90° の位相差を与えれば，円偏波が励振できる．このために L形のプローブは有効である．このプローブ上の電流については，z 方向に平行な部分の電流は y 方向部分の電流に比べて位相が遅れる．よって，TE_{10} モードと TE_{01} モード間の位相差が 90° となるようにプローブを設計すれば，円偏波が励振される．このとき励振された電流は，プローブの先端に届く間に

すべて放射に寄与され，結果的にプローブ上の電流は進行波に近い状態となる。この原理に基づく円偏波の励振は円形導波管においても有効であり，その構造例を図（b）に示す[41]。ただし，励振の際にあたって基本モードの TE_{11} モードが回転する形になる。

つぎに，この構造における高次モードを抑圧する技術について述べる。基本モードによる円偏波の励振では，その比帯域は20%程度であるが，この帯域の制限は主に高次モードが原因である。1.6.1 項で述べたように，断面が正方形である導波管においては，最初の高次モードは TE/TM_{11} モードとなる。このモードは，導波管の断面内においては断面の中心に対して回転対称の分布になる。しかし，L形プローブの形状が回転対称ではないためにその分布は非対称になり，かつ周波数に依存する。よって，広帯域化に対して制限を与えることになり，基本モードの励振を前提とした円偏波の励振に支障を与えることになる。特に，TM モードはプローブから短絡壁の間に強く分布し，円偏波を発生する電界の分布を大きく乱すことになる。

高次モードのうち，TM_{11} モードを抑圧する技術として，図 4.16（a）のような四つの角柱を挿入する方法がある[42]。この角柱は TM_{11} モードに対してカットオフを与えるが，短絡壁付近のみに挿入するだけでも効果的に TM モードの高次モードを抑圧できる。これにより，図 4.17 に示すように，TM モードのカットオフ周波数 $f_c = 8.48\,\mathrm{GHz}$ 以上の周波数において，角柱挿入前（w/o ポール）に比べて角柱挿入後（w ポール）の AR が改善されていることがわかる。以上のように，導波管型の構造においても，広帯域円偏波アンテナの設計には高次モードの除去は効果的であることがわかる。

円偏波アンテナについては AR 特性の広帯域化についても多く検討されているが，その多くはアンテナのボアサイト方向に絞った AR であることも多い。最近では，ボアサイト方向のみならず，広帯域にわたって広角に円偏波を励振させる研究も行われている。今回述べている導波管型アンテナにおいても，広帯域かつ広角な円偏波を発生させることができる。これについては，結局のところ広角にわたって交差偏波を減らすことが重要になる。

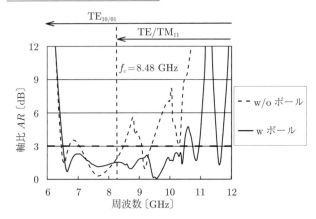

図 4.17 短絡壁への角柱の挿入による AR 特性の改善

その一例として，図 4.16 (c) のような構造が提案されている[43]。この構造は，図 4.16 (a) とは短絡壁の構造が変わっており，放物面状の構造をしている。この構造は，L 形プローブの折れ曲がった部分を中心に広い角度で，ほぼ同じ距離（実効波長 λ_g の 1/4）を保つことができる。ここで，導波管の四隅に細い金属の角柱が挿入されているが，四隅における波の特異な振舞いが AR に与える影響を避けるために，これが効果的であることが報告されている[42]。

図 4.18 にこのアンテナの特性を示す。図 4.18 (a) は利得およびボアサイト方向の AR 特性である。図 4.16 (a) の構造（Ref）の場合と比較してあるが，利得や AR についてはほぼ変わらない。その一方で，図 4.18 (b)，(c) に放射パターンを示しているが，交差偏波が減少していることがわかり，この放物面状の短絡壁の効果がわかる。

以上は導波管に L 形のプローブを挿入した例である。その他，プリント基板上に作成したワイドスロットアンテナに L 形プローブを挿入した例もいくつか報告されている。例えば，方形スロットを一部変形して交差偏波を減らした L 形ワイドスロットに L 形プローブを用いたアンテナでは，40%以上の帯域が実現できている[44],[45]。これは導波管型と違い交差偏波が励起しにくいからである。なお，L 形プローブを用いた円形スロットでも同様な特性が可能である[46],[47]。

4.2 円偏波アンテナの広帯域化　　*149*

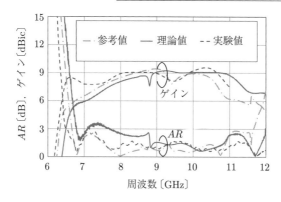

（a）軸比およびゲイン特性

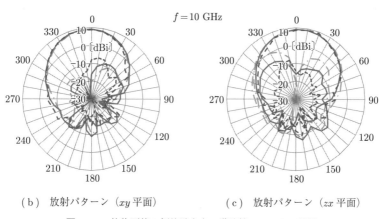

（b）放射パターン（xy 平面）　　　（c）放射パターン（zx 平面）

図 **4.18**　放物面状の短絡壁をもつ導波管アンテナの特性

しかし，これらはボアサイト方向以外の角度で交差偏波が大きくなる傾向がある。一方，リングスロットに L 形プローブを用いることも可能であるが，AR の帯域が 15% 程度になる例が報告されている[48]。

4.2.5　メタ表面による円偏波アンテナの広帯域化

広帯域円偏波アンテナの広帯域化で典型的な方法は，Q 値を下げ，かつ高次モードを抑制して AR の帯域を広げる考え方であるが，つぎに挙げる例はメタ表面を用いてインピーダンスの整合帯域のみならず，AR の帯域をも拡張する方

150　　　4.　円偏波アンテナの実際

法である。ここで用いるメタ表面はインピーダンス帯域の拡張のための AMC
としての役割に加えて，円偏波の帯域外の直線偏波を円偏波に変換する偏波変
換器としての役割を兼ね備え，結果的にインピーダンスおよび AR の帯域を拡
張させる。そのような目的のため，ここで用いるメタ表面は長方形の単体セル
をもち，セルの辺に対して 45° の直線偏波を反射させる。

　一方，AMC がパッチアンテナなどの広帯域化に使用される。このように，自
然界に見られない性質をもつ構造を人工的に実現できる構造はある種の周期構
造で実現できることが知られているが，このような構造はメタマテリアルと呼
ばれることが多い[49]~[54]。メタマテリアルを用いたアンテナの小型化や広帯域
化については多く研究されており，例えばパッチアンテナの導体地板に AMC
構造を用いると，インピーダンスが一定となる帯域が広く確保できることが知
られている[20]。つぎで述べるメタ表面は，等価的に磁気導体の特性をもつ周期
構造であり，広義の意味でメタマテリアルの一種に含まれる。

〔1〕　**長方形単体セルによる円偏波の励振**　　まず，単体セルが正方形の場
合を説明する。**図 4.19**(a) に単体セルの構造パラメータを示す。また，これ
らの構造パラメータと f_M および AMC 帯域幅との関係を図 (b) に示す。例
えば，f_M は単体セルの幅 s_w や，パッチの幅 p_w などへ依存することがわかる。
以上の事実を踏まえれば，長方形の単体セルをうまく設計することで反射位相
特性は図 (c) のように偏波依存性をもつことができる。この図の場合，中心周
波数 6 GHz 付近において，反射後の x 方向偏波と y 方向偏波間には位相差 180°
を与えることができる。ただし，このような長方形単体セルの場合，AMC 構
造としてアンテナを動作させるためには，図 (c) 中の 2 本の曲線のうち一方が
±90° 以内に，かつもう一方の曲線が $\pm(90 + 30)°$ 以内となる帯域で使用する
のが望ましい[55]。

　円偏波の発生のためには，x 偏波と y 偏波を同相に入射させることが重要であ
る。すなわち，セルの辺に 45° の角度でダイポールアンテナやパッチアンテナ
により直線偏波を励振させる。この場合，アンテナから放射された電波はメタ
表面の方向と同時に反対側にも直接波が放射される。この直接波は，x 成分 E_x^d

4.2 円偏波アンテナの広帯域化　　151

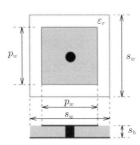
（a）正方形単体セル（ビアあり）
のパラメータ

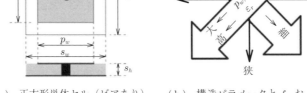
（b）構造パラメータと f_M および
AMC 帯域幅との関係

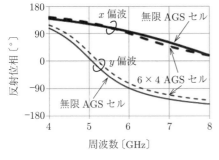
（c）反射特性の偏波依存性

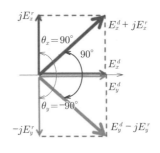
（d）直接波と反射波の合成による
円偏波励振

図 4.19 長方形単体セルをもつメタ表面による円偏波の励振（(c), (d)：2014©IEEE）

と y 成分 E_y^d が同相であり，この様子を図（d）中に示す[51]。反射された波は $\pm 90°$ だけ位相変化し，たがいの位相差は $180°$ となって反射波の x 成分 jE_x^r と y 成分 $-jE_y^r$ となる。アンテナ素子とメタ表面間の距離が波長に比べて十分小さく，かつ $|E_x^d| = |E_y^d| = |E_x^r| = |E_y^r|$ を仮定すると，最終的には図で示されているように，$E_x^d + jE_x^r$ および $E_y^d - jE_y^r$ との間で，位相差が $90°$ となる二つの直交成分が合成される。この二つの成分の振幅が等しければ円偏波となる[51),52)]。なお，以上の説明はダイポールやパッチアンテナのように素子そのものは $\pm z$ 方向に放射できる素子を仮定しており，ホーンアンテナなどの高い FB 比をもつアンテナを使用した場合，反射位相特性は x, y の偏波間で $90°$ と

する必要がある[53]）。

以上のように，長方形単体セルをもつメタ表面は，一種の偏波変換器として働く。つぎに，狭帯域な円偏波パッチアンテナにこの偏波変換器を使用して広帯域化する方法を説明する。このような AMC の特性に偏波変換のような特性を兼ね備えた地板という意義から，この構造は**人工地板構造**，または **AGS** (aritificial ground structure) と呼ばれることもある[51),52),54),55)]。

〔**2**〕 **円偏波パッチアンテナの偏波変換器による広帯域化**　　図 **4.20** に AGS を用いた円偏波パッチアンテナの構造を示す[51),55)]。アンテナのパッチ素子は，正方形の二つの角を切り落として円偏波を励振できる。パッチの下には，基板を挟んで長方形の単体セルをもつ AGS を備え付け，その下には地板が存在する。パッチアンテナは地板の裏から同軸構造で給電されるが，広帯域なインピーダンス特性のために，同軸の外部導体は AGS の基板を貫き，その表面から 0.5 mm 程度飛び出すことになる[51)]。この結果，基板間に 0.5 mm のギャップが存在す

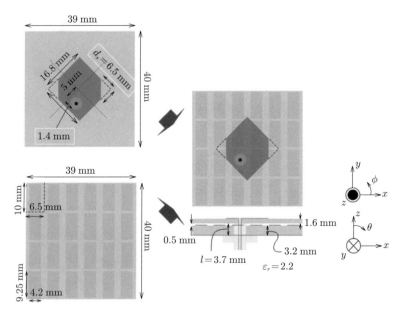

図 **4.20**　長方形単体セルをもつ AGS をもつ円偏波アンテナ（2014©IEEE）

るが，ギャップそのものは特性に大きく影響しない。よってギャップをなくして同軸の外部導体は上層基板に食い込ませてもよい。しかし，外部導体の延長部分は電流密度が高く，インピーダンス特性に影響するのでその長さは慎重に選んだほうがよい。また，地板の形状は正方形に近いほうが設計が容易になる。地板が長方形であれば，AGS 上の表面波について単体セルで設計した場合の位相特性に余分な位相差を x 方向と y 方向間に与えてしまい，単体セルで設計した位相特性を変えてしまうからである[55]。

図 4.21 (a) にこの構造の S_{11} 特性を示す。AGS により $-10\,\mathrm{dB}$ の帯域が約 48％にわたって得られていることがわかる。図 (b) には，ボアサイト方向の AR 特性を示している。$d_s = 0\,\mathrm{mm}$ 時にアンテナの偏波は原則直線偏波と

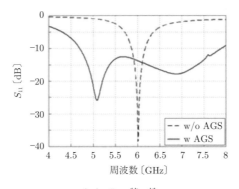

(a) S_{11} 特 性

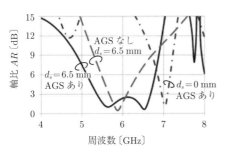

(b) ボアサイト方向の軸比特性

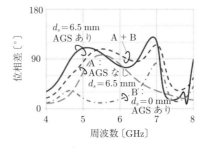

(c) 遠方界直交成分の位相差特性

図 4.21 AR 帯域拡張の仕組み（2014©IEEE）[51]

154　　4. 円偏波アンテナの実際

なるはずだが，この場合，AGS の働きで 7 GHz 付近に円偏波が得られている。一方，AGS がない場合，$d_s = 6.5$ mm 時の切欠きのあるパッチは 6 GHz 付近に円偏波を励振しているが，7 GHz 付近では直線偏波に近いことがわかる。この直線偏波は単体セルの辺に対して 45° の方向に偏波されているため，これを AGS が円偏波に変換する。その結果，AGS がある場合，6 GHz 付近で比帯域 6.5% 程度（AR 3 dB）の円偏波の帯域が拡張され，約 5.2〜6.7 GHz の 20.4% にわたり円偏波を励振することができるようになる。

　以上の説明を位相特性の観点から説明する。図 (c) において，AGS がなく，かつパッチに切欠き（$d_s = 6.5$ mm）がある場合，低域の 6 GHz 付近で円偏波を励振するため位相差は 90° になっている（状態 A）。一方，$d_s = 0$ かつ AGS が存在する場合，高域の 7 GHz 付近で位相差が 90° になっていることがわかる（状態 B）。よって，この二つの状態の位相特性の足し合せが，図 4.20 構造の位相特性であるといえる（A＋B）。事実，図 4.20 の位相特性をシミュレーションした結果は，A＋B の曲線とよい一致が見られることから，上記で述べた AR 帯域拡張の仕組みの裏づけとなる。

　AGS を用いた場合，E_x, E_y それぞれの反射位相間に 180° の位相差をもつ 7 GHz 付近（高域）において，直線偏波は円偏波に変換される。一方，6 GHz 付近（低域）でパッチ素子から励振される円偏波は，AGS を用いた場合においても直線偏波近くには変換されない。この帯域においては，E_x の反射位相と E_y の反射位相は共に 0° に近くなる設計であるため，AMC としての役割により広帯域なインピーダンスは実現できるが[20]，それらの位相差が 180° に比べて小さくなるように設計できるため偏波変換が起こりにくくなるからである。このように，AMC 帯域内において AGS の偏波変換器としての機能は周波数に関して選択的とすることができる。これも AGS の機能的な意義の一つであるといえる。

4.3 円偏波アンテナの小型化技術

小形円偏波アンテナは，例えば GPS，無線センサ，RFID リーダライタなどの多くの応用の可能性があり，たいへん有用な技術といえる。アンテナの小型化にはいくつかの考え方があるが，例えば，アンテナ全体のサイズを波長に比べて小さくすることや，地板上に高さの低いアンテナを作成する**低姿勢**（low–profile）**アンテナ**があり，いずれも応用の可能性を広げてくれる技術である。

小形またはコンパクトなアンテナの代表格は，パッチアンテナやヘリカルアンテナであろう。本節においてはそれらのアンテナを基本とした小形円偏波アンテナを含めて扱うが，比較的基本に忠実な方法について主に言及する。

アンテナの小型化の技術に関してはいくつか基本的な考え方があり，例えば以下のように列挙できる。

1. 高い誘電率の材料を用いて，波長短縮効果により小型化する（高誘電率材料の使用）。

2. アンテナ素子を折り曲げたり，金属素子面にスロットやスリットなどを入れることにより，波長に対して電流経路を長くする（素子形状の工夫）。

3. 誘導性素子を挿入することで，等価的に波長に対して長い電流経路を確保する（負荷装荷）。

上記の手法は，いずれにしろ動作周波数の波長に対して小さな素子サイズを保つ一方で，波長に対する電流経路長を長くすることを狙っている。本節では，円偏波パッチアンテナを題材に，主に上記の手段に基づいた小型化技術について述べる

4.3.1 素子形状の工夫による小型化

アンテナの小型化のための代表的手法の一つに，素子をメアンダ状（蛇行状）に折り曲げたり，スロットやスリットを設ける方法がある。単純な小型化の例を挙げると，パッチアンテナの放射素子の中央に幅広スロットを設けてリング

4. 円偏波アンテナの実際

状にすると，図 3.8 に関する議論にあるように 1 周が 1 波長で共振するようになる。通常の方形パッチアンテナの 1 辺が半波長で共振することを考えると，共振周波数が半分になるため，波長に対してアンテナを小型化できることになる。これは同時にループ素子の内側にも電流が流れ始め，結果的に長い電流経路が確保できる。同様にスロットを設けた場合，スロットの輪郭に沿って電流が存在できるため，結果的に長い電流経路をもつことができる。これは，共振周波数を下げ，波長に対して小型化を実現したことを意味する。

以上の考え方は直線偏波のアンテナにも共通することであるが，円偏波アンテナの場合はスロットなどを設けて小型化すると同時に，摂動をうまく与える必要がある。円偏波パッチアンテナについて簡単な例を紹介する。図 **4.22**（a）は，円形パッチアンテナをリング状にした例である[56]。この場合，共振周波数は幅広スロットなしの場合に比べて約 1/2 になるが，円偏波のための摂動は小さな二つのスリットをループ状の素子の内側に設けて円偏波を励振する。これ

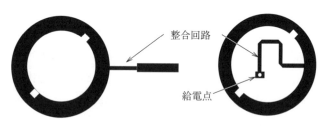

(a) リング状パッチアンテナ
に直接給電

(b) リング状パッチアンテナへの
省スペース型の直接給電例

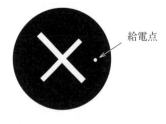

(c) クロススロットを用いたパッチ
アンテナに直接給電

(d) クロススロットを用いたパッチ
アンテナに電磁結合給電

図 4.22 円偏波パッチアンテナの小型化手法の例 [56], [59]

は，3章の図3.38を用いて述べた中央給電型の摂動励振である。この図の場合，素子に直接整合素子を付けてループの外側から給電しているが，給電回路の省スペースのために，図 (b) のように整合回路を含めた給電回路をループの内側に設けてもよい[56]。同様な発想による円偏波パッチアンテナの小型化は方形パッチ素子にも適用可能である。また，中央に幅広スロットを一つまたは複数設ける方法でも可能である[57),58]。

以上，図 (a), (b) は小型化のためのスロットと摂動のためのスリットが独立して設けてあったが，図 (c) のようにパッチの中央にクロススロットを設けることもできる。この例も図3.38周辺の議論で述べた中央給電型の摂動励振となるが，パッチ中央に設けたクロススロットはたがいに長さが異なり，かつ各スロットの辺は給電点を通るパッチの中心線と 45° の角度を形成する。このクロススロットは，スロットを囲むように電流が存在するため小型化にも貢献できるが，同時に摂動を与えて円偏波の励振に寄与している。図 (d) は，パッチに直接給電する代わりに，パッチ素子とマイクロストリップ線路との間に基板を挟んで電磁結合をしている[59]。電磁結合の場合には構造パラメータの自由度が高まり，パッチと線路の間隔や線路の先端とパッチの中央間の距離などをうまく制御することで，整合をとることができる。結果的に，この構造はスロットを設けない円形パッチアンテナに比べて，半径が36%ほど小さくなる[59]。

4.3.2　高誘電率材料の使用と負荷装荷による小型化

つぎに，高誘電率材料の使用（$\varepsilon_r = 10$），素子形状の工夫，および負荷装荷を同時に行い小型化した例を紹介する[60]。**図 4.23** に構造を示す。正方形パッチアンテナを基本とする構造であるが，パッチの角にはスリットが設けてあり，寄生短絡線路が結合してある。これらの**寄生短絡素子**は，給電点に近いほうの長さがL，遠いほうがSである。また，この寄生線路の周辺にはL形のスタブが2本ずつ設けてあるが，摂動量を制御している。すなわち，長さaのスタブは図3.37におけるAモードの共振周波数，長さbをもつスタブは同様にBモードの共振周波数を決める働きがあり，これらの所望の中間周波数にてA, Bの

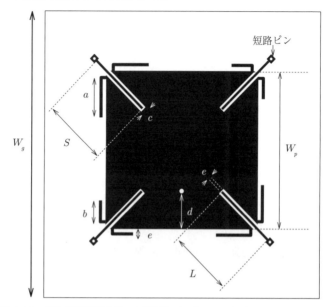

図 4.23　寄生短絡線路を用いた円偏波パッチアンテナ（$S = 4.13\,\mathrm{mm}$, $W_p = 11.364\,\mathrm{mm}$, $L = 5\,\mathrm{mm}$, 基板厚 $t = 3.18\,\mathrm{mm}$, $W_g = 21\,\mathrm{mm}$）[60]

二つのモード間の位相が $90°$ になるように a/b を決める．これは，図 3.38 (a) における中央部給電に相当する．

小型化に関しては，図 4.24 にパッチ素子の形状の影響，および短絡線路の共振周波数への影響を示す．図 (a) は基板が空気の場合であり共振周波数は $10.2\,\mathrm{GHz}$ であるが，図 (b) のように，$\varepsilon_r = 10$ のような高い誘電率の基板を用いると共振周波数は $3.96\,\mathrm{GHz}$ に下がる．さらに図 (c) のように素子に切込みを入れると，電流の経路長が長くなり共振周波数は下がる．この様子は文献 61) によっても報告されている．さらに図 (d) のようにインピーダンス負荷を装荷すると，さらに波長に対して小型化されて共振周波数が下がる．図 (d) の構造においては短絡線路が用いられるが，誘導性のインピーダンスをもち電流が集中するために，小型化されたパッチの電流経路を延長する働きをもつと考えられている[60]．よって，共振周波数が下がり小型化が可能になる．

なお，本構造には垂直な素子がある一方で，xz, yz 面において $\pm 80°$ 程度以

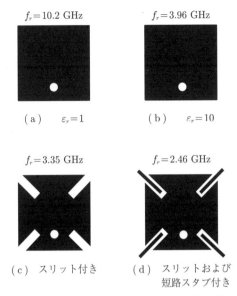

図 4.24 パッチアンテナの基板誘電率や素子形状およびスタブ挿入の共振周波数への影響[60]

内の放射角において交差偏波は 20 dB 以上も小さい。これは，短絡線路の垂直部分が回転対称に配置されている一方で，向かい合う線路の垂直部分同士の位相は 180°異なるため，たがいに打ち消し合っていると考えられる。

以上の結果から，円偏波パッチアンテナの小型化の際に誘電率材料の効果，素子形状の工夫，および負荷装荷の効果が確認できる。

4.4 無指向性円偏波アンテナ

円偏波を放射するためには，式 (2.4), (2.5) のような条件を満たさなければならず，同じタイプの直線偏波のアンテナに比べて，主偏波と交差偏波の差が十分大きい角度（例えば 15 dB 以上）は，狭くなるのが一般的である。その一方で，円偏波を広角に放射することができれば，円偏波アンテナとしての応用は広がることが考えられる。例えば，無線ネットワークのいくつかのノード同士を円偏波を用いてマルチパスを軽減させて接続するなどが考えられる。広角円

160　　4.　円偏波アンテナの実際

偏波アンテナの例としては，地板に平行な面内にて無指向性（オムニ指向性）な円偏波アンテナがいくつか報告されている。その代表的な例は，3.1.1 項でも述べたノーマルモードのヘリカルアンテナであろう。この構造では微小ループ素子と微小ダイポール素子の組合せはオムニ指向性をもつ円偏波アンテナとなる。

　一方で，小形または低姿勢な無指向性円偏波アンテナも報告されるようになった。その多くは基本的には電界の垂直成分を短い線状素子で実現し，水平成分は地板に平行な全方向に向けた水平素子やスロットなどをループ状もしくは円形アレー状に設けて励振し，さらに，それらの素子状の電流の位相差を 90° に調整した構造が多い。

　図 4.25 に無指向性円偏波アンテナの研究例を示す。図 (a)[62)]は比較的シンプルな構造で低姿勢であるという特徴があるが，地板から同軸で給電されたこのアンテナは，上部の円形素子と地板との間にスルーホールまたはピンが複数設けられている。このアンテナはパッチの形状が円形であるものの，用いるモードは円形パッチアンテナでよく使用される TM_{11} ではなく，スルーホールの存在によって励振しやすくされた TM_{01} および TM_{02} である。これら二つのモードは，動作に寄与する帯域が周波数軸上で連続的につながることができ，その結果インピーダンスおよび 3 dB AR の帯域がどちらも比帯域で 19% 程度と広帯域な特性をもつようになる。また，これらのモードはモノポールアンテナと似たような放射パターンをもつ。すなわち，地板に垂直な偏波を放射し，かつ円形素子および導体地板の円周方向に関して均一な電界分布をもつため，全方向に垂直成分の電界を均一に放射することができる[63)]。また，地板上にフック状の素子が円形アレー状に設けてあり，半径方向に伸びた素子で電界の垂直成分との位相差を 90° になるように調整し，水平成分を放射する。よって，無指向性の円偏波放射パターンを実現する。なお，ビアの数とフック状素子の数は必ずしも一致しなくてよい。

　図 (b)[64)]は，素子の物理的大きさが波長に比べて小さい電気的小形アンテナ（$ka \leq 0.5$ 程度。k：波数，a：アンテナを囲む球の半径[65)]）であるが，地板から整合スタブと伴って同軸給電された線状素子で電界の垂直成分を放射し，

4.4 無指向性円偏波アンテナ

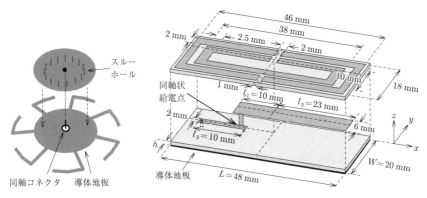

(a) ビアとフック形素子による無指向性円偏波アンテナの例

(b) 垂直線状素子 (12.2 mm) と半ループ素子による無指向性円偏波アンテナの例

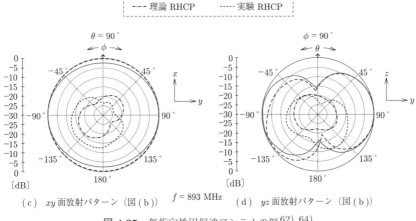

(c) xy 面放射パターン(図(b))　　$f = 893$ MHz　　(d) yz 面放射パターン(図(b))

図 4.25　無指向性円偏波アンテナの例[62), 64)]

上部の半ループ状の素子にスロット結合して電界の水平成分を放射する。この結合部分で位相差が調整できる。また，半ループ状の素子上の電流の振幅が水平面内で変化しても，上部の二つの C 形の素子の働きにより水平面に均一な円偏波無指向性放射パターンが実現できる。このアンテナにおいては，素子近傍においては近傍界の影響で直線偏波のような電界の振動を見せるものの，長さ $\lambda_0/4$ のコの字形素子上の電位の分布がうまく寄与し，遠方において電界が回転する。同時に z 軸から見ると，電界が xy 面内においては電界が渦を描くような

162　　4.　円偏波アンテナの実際

分布となり，無指向性円偏波を実現する。この構造の放射パターンとして，図
(c) に xy 面内，図 (d) に yz 面内の放射パターンを示す。図 (c) に示して
いるように，xy 面内においては，交差偏波を十分抑えて 360° の角度範囲にお
いて LHCP が放射されている。もちろん，図 (d) に示されるように，$\pm z$ 方
向においては放射は起こらない。

　以上，本節では二つの無指向性円偏波の例を示したが，いずれも電界の垂直
成分を放射する線状素子と，地板に平行な全方向に水平成分を放射する放射素
子との組合せがあり，さらにこれらの成分間の位相を調整する仕組みがある。
また，これらの構造には導体地板があるが，この種のアンテナは，AR の低い
無指向性円偏波を実現するためには導体地板の大きさを選ぶ必要があり，その
結果，地板の面積が十分でない場合も考えられ，この場合，給電する同軸ケー
ブルには漏洩電流が生じるため，これをバズーカバランなどを用いて抑えなけ
れば AR が劣化する原因となる。同様の無指向性円偏波アンテナは他にも報告
されているが [66],[67]，水平成分をスロットで実現するなどの違いはあるものの，
設計に関する基本的な考え方は同じである。

引用・参考文献

1)　高橋　徹, 岩瀬一朗, 中畔弘晶, 宮下裕章, 小西善彦："直交偏波共用パッチアンテ
　　　ナの給電点摂動による低交差偏波設計法", 電子情報通信学会論文誌, Vol.J86–B,
　　　9, pp.1833–1840 (2003)

2)　T. Chiba, Y. Suzuki, N. Miyano, S. Miura and S. Ohmori: "A phased ar-
　　　ray antenna using microstrip antennas", *12th European Microwave Conf.*,
　　　pp.472–477 (1982)

3)　C.C. Kilgus: "Multielement, Fractional Turn Helices", *IEEE Trans. Anten-
　　　nas Propag.*, Vol.16, 4, pp.499–500 (1968)

4)　C.C. Kilgus: "Resonant Quadrifilar Helix", *IEEE Trans. Antennas Propag.*,
　　　Vol.17, 3, pp.349–451 (1968)

5)　J.M. Tranquilla and S.R. Best: "A Study of the Quadrifilar Helix Antenna
　　　for Global Positioning System (GPS) Applications", *IEEE Trans. Antennas*

Propag., Vol.38, 10, pp.1545–1550 (1990)

6) D. Lamensdorf and M.A. Smolinski: "Dual–band quadrifilar helix antenna", *2002 IEEE International Symposium on Antennas and Propagation*, Vol.3, pp.488–491 (2002)

7) M.A.G. Aza, J. Zapata and J.A. Encinar: "Broad–band cavity–backed and capacitively probe–fed microstrip pattch arrays", *IEEE Trans. Antennas Propag.*, Vol.48, 7, pp.784–789 (2000)

8) M.A. Khayat, J.T. Williams and D.R. Jackson: "Mutual coupling between reduced surface wave microstrip antennas", *IEEE Trans. Antennas Propag.*, Vol.48, 10, pp.1581–1593 (2000)

9) S. Hudson and M.D. Pozer: "Grounded coplanar waveguide-fed aperture–coupled cavity–backed microstrip antenna", *Electronics Lett.*, Vol.36, 12, pp.1003–1005 (2000)

10) B. Lee and F.J. Harackiewicz: "Miniature microstrip antenna with apartially filled high–permittivity substrate", *IEEE Trans. Antennas Propag.*, Vol.50, 8, pp.1160–1162 (2002)

11) K.P. Ray, G. Kumar and H.C. Lodwal: "Hybrid–coupled broadband tri-angular microstrip antennas", *IEEE Trans. Antennas Propag.*, Vol.51, 1, pp.139–141 (2003)

12) Z.N. Chen and M.Y.W. Chia: "Broadband planar inverted–L antennas", *Proc. IEE Microw. Antennas Propag.*, Vol.148, 5, pp.339–342 (2001)

13) Z.N. Chen and M.Y.W. Chia: "Experimental Study on Radiation Perfor-mance of Probe–fed Suspended Plate Antenna", *IEEE Trans. ANtennas Propag.*, Vol.51, 8, pp.1964–1971 (2003)

14) H. Nakano, M. Yamazaki and J. Yamauchi: "Electrically coupled curl an-tenna", *ELectronics Lett.* Vol.33, 12, pp.1003–1004 (1997)

15) K.M. Luk, C.L. Mak, Y.L. Chow and K.F. Lee: "Broadband microstrip antenna", *ELectronics Lett.*, Vol.34, 15, pp.1442–1443 (1998)

16) Y.X. Guo, C.L. Mak, K.M. Luk and K.F. Lee: "Analysis and design of L–probe proximity fed patch antennas", *IEEE Trans. Antennas Propag.*, Vol.49, pp.145–149 (2001)

17) 羽石　操, 平澤一紘, 鈴木康夫 :「小形・平面アンテナ」, 電子情報通信学会 編, コロナ社 (1996)

18) Z.N. Chen and M.Y.W. Chia: "Broadband Planar Antennas", Wiley (2005)

164   4. 円偏波アンテナの実際

19) D. Sievenpiper, L. Zhang, R.F.J. Broas, N.G. Alexopolous and E. Yablonovitch: "High impedance electromagnetic surfaces with a forbidden frequency band", *IEEE Trans. Microw. Theory Tech.*, Vol.47, 11, pp.2059–2074 (1999)

20) D. Qu, L. Shafai and A. Foroozesh: "Improving microstrip patch antenna performance using EBG substrates", *IEE Proc.–Microw. Antennas Propag.*, Vol.153, 6, pp.558–563 (2006)

21) F. Yang, A. Aminian and Y. Rahmat–Samii: "A novel surface wave antenna design using a thin periodically loaded ground plane", *Microw. Opt. Technol. Lett.*, Vol.47, pp.240–245 (2005)

22) F.S. Chang, K.L. Wong and T.W. Chiou: "Low–cost Broadband Circularly Polarised Patch Antenna", *IEEE Trans. Antennas Propag.*, Vol.51, 10, pp.3006–3009 (2003)

23) W.K. Lo, J.L. Hu, C.H. Chan and K.M. Luk: "L–shaped probe–feed circularly polarized microstrip patch antenna with a cross slot", *Microw. Opt. Tech. Lett.*, Vol.25, 4, pp.251–253 (2000)

24) K.L. Chung and A.S. Mohan: "A systematic design method to obtain broadband characteristics for singly–fed electromagnetically coupled patch antennas for circular polarization", *IEEE Trans. Antennas Propag.*, Vol.51, 12, pp.3239–3248 (2003)

25) 野呂崇徳, 風間保裕, 高橋応明, 伊藤公一："形状の異なる直線偏波素子を組み合わせた円偏波パッチアンテナ", 電子情報通信学会論文誌 B, Vol.J91–B, 5, pp.595–604 (2008)

26) F. Yang and Y. Rahmat–Samii: "Polarization–dependent electromagnetic band gap (PDEBG) structures: Designs and applications", *Microw. Opt. Technol. Lett.*, Vol.41, 6, pp.439–444 (2004)

27) D. Yan, Q. Gao, C. Wang, C. Zhu and N. Yuan: "A novel polarization convert surface based on artificial magnetic conductor", *Microwave Conference Proceedings. Asia–Pacific Conference Proceedings*, Vol.3 (2005)

28) A. Foroozesh and L. Shafai: "Investigation Into the Application of Artificial Magnetic Conductors to Bandwidth Broadening, Gain Enhancement and Beam Shaping of Low Profile and Conventional Monopole Antennas", *IEEE Trans. Antennas Propag.*, Vol.59, 1, pp.4–19 (2011)

29) Y. Zhang, J.V. Hagen, M. Younis, C. Fischer and W. Wiesbeck: "Planar Ar-

tificial Magnetic Conductors and Patch Antennas", *IEEE Trans. Antennas Propag.*, Vol.51, 10, pp.2704–2712 (2003)

30) H. Mosallaei and K. Sarabandi: "Antenna Miniaturization and Bandwidth Enhancement Using a Reactive Impedance Substrate", *IEEE Trans. Antennas Propag.*, Vol.52, 9, pp.2403–2414 (2004)

31) T. Chiba, Y. Suzuki and N. Miyano: "Suppression of higher modes and cross polarized component for microstrip antenna", *IEEE AP–S Int. Symp. Dig.*, pp.285–288 (1982)

32) 鈴木康夫："平面回路法に基づくマイクロストリップアンテナの解析とその応用", 東京工業大学博士学位論文 (1985)

33) L. Bian. Y.X. Guo, L.C. Ong and X.Q. Shi: "Wideband Circularly–Polarized Patch Antenna", *IEEE Trans. Antennas Propag.*, Vol.54, 9, pp.2682–2686 (2006)

34) S.Y. Eom and H.K. Park: "New switched–network phase shifter with broadband charanterisics", *Microw. Opt. Tech. Lett.*, Vol.38, 4, Aug. 20th (2003)

35) K.L. Chung: "High–Performance Circularly Polarized Antenna Array Using Metamaterial–Line Based Feed Network", *IEEE Trans. Antennas Propag.*, Vol.61, 12, pp.6233–6237 (2013)

36) C. Caloz and T. Itoh: "Application of the transmission line theory of left–handed (LH) materials to the realization of a microstrip LH transmission line", *IEEE–APS Int. Symp. Digest*, 2, pp.412–415 (2002)

37) A.K. Iyer and G.V. Eleftheriades: "Negative refractive index media using periodically L–C loaded Transmission lines", *IEEE–MTT Int. Symp. Digest*, pp.1067–1070 (2002)

38) A.A. Oliner: "A periodic–structure negative–reflactive–index medium without resonant elements", *IEEE–APS/URSI Int. Symp. Digest*, p.41 (2002)

39) C. Caloz and T. Itoh: "Electromagnetic Metamaterials", Wiley Interscience (2006)

40) T. Fukusako, K. Okuhata, K. Yanagawa and N. Mita: "Generation of circular polarization using rectangular waveguide with L–type probe", *IEICE Trans. Comm.*, Vol.E86–B, 7, pp.2246–2249 (2003)

41) T. Fukusako and L. Shafai: "Design of broadband circularly polarized horn antenna using an L–shaped probe", *Proc. 2006 IEEE AP–S/URSI International Symposium*, pp.3161–3164, Albuquerque, U.S.A. (2006)

166   4. 円偏波アンテナの実際

42) 山浦真悟，福迫　武："L 形給電プローブを用いた導波管形円偏波アンテナの広
帯域化"，電子情報通信学会論文誌，Vol.J95–B，9，pp.1171–1176 (2012)

43) S. Yamaura and T. Fukusako: "Reduction of Cross Polarization in Higher
Frequency for Circularly Polarized Broadband Antenna With L–Shaped
Probe and Parabolic Short Wall", *IEICE Communication Express*, Vol.2,
5, pp.180–185 (2013)

44) T. Fukusako and L. Shafai: "Circularly polarized broadband antenna with
L–shaped probe and wide slot", *Proc. 12th International Symposium on
Antenna Technolgy and Applied Electrogagnetics (ANTEM) and Canadian
Radio Sciences [URSI/CNC]*, pp.445–448, Montreal, Canada (2006)

45) S.L.S. Yang, A.A. Kishk and K.F. Lee: "Wideband Circularly Polarized
Antenna With L–Shaped Slot", *IEEE Trans. Antennas Propag.*, Vol.56, 6,
pp.1780–1783 (2008)

46) L.Y. Tseng and T.Y. Han: "Microstrip–fed circular slot antenna for circular
polarization", *Microw. Opt. Tech. Lett.*, Vol.50, 4, pp.1056–1058 (2008)

47) J.S. Row and S.W. Wu: "Circularly Polarized wide slot antenna with a
parasitic patch", *IEEE Trans. Antennas Propag.*, Vol.56, 6, pp.2826–2832
(2008)

48) J.S. Row and C.Y.D. Sim and K.W. Lin: "Broadband printed ring–slot ar-
ray with circular polarization", *Electron. Lett.*, Vol.4, 3, pp.110–112 (2005)

49) N. Engheta, R.W. Ziolkowski Metamaterials: Physics and Engineering Ex-
plorations, John Wiley and Sons Inc. (2006)

50) 石原照也 監修：「メタマテリアルの技術と応用」，シーエムシー出版 (2007)

51) S. Maruyama and T. Fukusako: "An Interpretative Study on Circularly
Polarized Patch Antenna using Artificial Ground Structure", *IEEE Trans.
Antennas Propag.*, Vol.62, 11, pp.5919–5924 (2014)

52) F. Yang and Y. Rahmat–Samii: "A low profile single dipole antenna radi-
ating circularly polarized waves", *IEEE Trans. Antennas Propag.*, Vol.53,
9, pp.3083–3086 (2005)

53) 神谷実咲，久世竜司，堀　俊和，藤元美俊："偏波変換機能を有するパッチ型メ
タ・サーフェス"，電子情報通信学会技術研究報告（アンテナ・伝搬），Vol.A・
P2014-39，pp.103–106 (2014)

54) A. Foroozesh, M. Ng, M. Kehn and L. Shafai: "Application of Arti-
ficial Ground Planes In Dual–Band Orthogonally–polarized Low–profile

High–gain Planar Antenna Design", *Progress In Electromagnetics Research*, Vol.84, pp.407–436 (2008)

55) T. Nakamura and T. Fukusako: "Broadband Design of Circularly Polarized Microstrip Antenna Using Artifitial Ground Structure With Rectangular Unit Cells", *IEEE Trans. Antennas Propag.*, Vol.59, 6, pp.2103–2110 (2011)

56) H.M. Chen and K.L. Wong: "On Circular Polarization Design of Annular–ring Microstrip Antennas", *IEEE Trans. Antennas Propag.*, Vol.47, 8, pp.1289–1292 (1999)

57) W.S. Chen, C.K. Wu and K.L. Wong: "Single–feed square–ring microstrip antenna for circular polarization", *Electronics Lett.*, Vol.34, pp.1045–1047 (1998)

58) W.S. Chen, C.K. Wu and K.L. Wong: "Square–ring microstrip antenna with a cross strip for compact circular polarization operation", *IEEE Trans. Antennas Propag.*, Vol.47, 10, pp.1566–1568 (1999)

59) H. Iwasaki: "A Circularly Polarized Small–size Microstrip Antenna With a Cross Slot", *IEEE Trans. Antennas Propag.*, Vol.44, 10, pp.1399–1401 (1996)

60) H. Wong, K.K. So, K.B. Ng, K.M. Luk and C.H. Chan: "Virtually Shorted Patch Antenna for Circular Polarization", *IEEE Antennas and Wireless Propag. Lett.*, Vol.9. pp.1213–1216 (2010)

61) W.S. Chen, C.K. Wu and K.L. Wong: "Novel Compact Circularly Polarized Square Microstrip Antenna", *IEEE Trans. Antennas Propag.*, Vol.49, 3, pp.340–342 (2001)

62) Y.M. Pan, S.Y. Zheng and B.J. Hu: "Wideband and Low–profile Omnidirectional Circularly Polarized Patch Antenna", *IEEE Trans. Antennas Propag.*, Vol.62, 8, pp.4347–4351 (2014)

63) J. Liu, Q. Xue, H. Wong, H.W. Lai and Y. Long: "Design and Analysis of a Low–profile and Broadband Microstrip Monopolar Patch Antenna", *IEEE Trans. Antennas Propag.*, Vol.61, 1, pp.11–18 (2013)

64) K. Lertsakwimarn, C. Phongcharoenpanich and T. Fukusako: "Design of Circularly Polarized and Electrically Small Antenna with Omnidirectional Radiation Pattern", *IEICE Trans. Commun.*, Vol.E97–B, 12 (2014)

65) S.R. Best: "A discussion on the properties of electrically small self–resonant wire antennas", *IEEE Antennas Propag. Mag.*, Vol.46, 6, pp.9–22 (2004)

168　　4. 円偏波アンテナの実際

66)　W. Lin and H. Wong: "Circularly Polarized Conical–Beam Antenna with Wide Bandwidth and Low Profile", *IEEE Trans. Antennas Propag.*, Vol.62, 12, pp.5974–5982 (2014)

67)　D. Yu, S.X. Gong, Y.T. Wan, Y.L. Yao, Y.X. Xu, F.W. Wang: "Wideband Omnidirectional Circularly Polarized Patch Antenna Based on Vortex Slots and Shorting Vias", *IEEE Trans. Antennas Propag.*, Vol.62, 8, pp.3970–3977 (2014)

5章

円偏波アンテナの測定

　前章までは，円偏波および円偏波アンテナに関する動作や設計技術について述べてきたが，本章においては円偏波アンテナの測定方法について述べる。アンテナ測定全般に関しては，例えば文献 1)~5) などを参考にしていただいたほうがよい。本章では，まず円偏波もしくは偏波状態を知るための測定技術について述べる。つぎに，円偏波アンテナの利得の測定について述べる。円偏波の測定に関しては，その基本概念が重要なので，2 章と併せて読んでいただきたい。

5.1　円偏波測定の基本

　一般的に，アンテナの放射パターン，偏波，利得などの測定の際には，図 5.1 の例のように電波暗室内に **AUT**（antenna under test，**テストアンテナ**）を設置し，AUT 以外に送信アンテナを用いて行う。このような測定においては，アンテナ間を $2D^2/\lambda$（D：大きいほうのアンテナの開口）以上の長さにとり，たがいが遠方領域になるように設置する。このとき，二つのアンテナの偏波が一致するように注意する必要がある。説明では AUT は受信アンテナとしているが，送信と受信の役割を入れ替えて測定しても通常は問題ない。

　AUT の主偏波を測定するときは，図 5.1 の送信アンテナの偏波の方向（アライメント）が AUT と平行になるようにし，交差偏波の測定を行うときは送信アンテナの偏波が AUT の偏波と直交するように設置しなければならない。AUT が直線偏波であれば，送信アンテナは直線偏波を用いて上記のように設置して測定すればよい。しかし，AUT が円偏波アンテナの場合であっても，環境に

5. 円偏波アンテナの測定

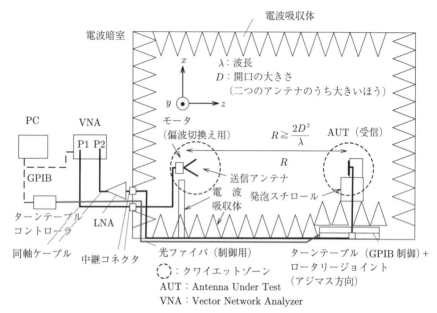

図 5.1　電波暗室内におけるテストアンテナと送信アンテナの設置例

よっては送信アンテナが円偏波の場合もあれば直線偏波の場合もある．本節では，AUT は円偏波アンテナとし，送信アンテナに円偏波アンテナを用いる場合について最初に述べる．

　送信アンテナと AUT が共に円偏波である場合，それぞれの円偏波のセンスはどのように選ぶべきであろうか？これについて AUT の主偏波に関する測定を行う場合，送信アンテナのセンスは受信アンテナと同じセンスを選ぶべきである．図 5.2 中に示すクロスダイポールは，RHCP を送信する．これは 2.3 節で説明したように，y 方向に比べて x 方向の電界が $90°$ の位相遅れで励振されるからである．これを 2.3 節で説明した右手または左手による位相関係の表現を用いるならば，E_y は親指，E_x は人差し指に相当し，中指が放射方向に相当する関係が右手で表現できる[†]．つぎに受信時であるが，RHCP の場合，y 方向の電界が x 方向より $90°$ 遅れて受信される．つまり，送信時においては x 成分

[†] 2 章の説明で，位相が進む成分は親指，遅れる成分は人差し指，中指は伝搬方向である関係を思い出してほしい．

5.1 円偏波測定の基本

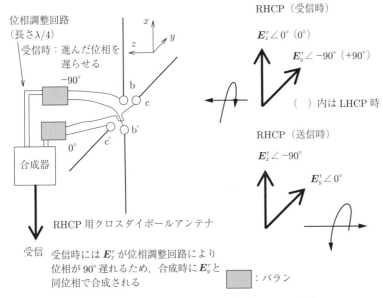

図 5.2 送信時と受信時における円偏波センスの様子

が y 成分より位相が遅れて RHCP を形成していたが，受信時では進行方向が逆転しているために，x 成分が y 成分より位相が進んでおり，直交成分間で送信時と位相の進み遅れの関係が逆転していることになる．

図のクロスダイポールで受信する状況において，到来する電波が x 方向の電界の位相を $\angle 0°$ とする場合，位相調整回路で x 方向の成分は $-90°$ と位相が遅れて合成器へ信号が到達する．一方，y 方向の電界は $\angle -90°$ と遅れた位相でアンテナに到来するものの，アンテナ内で位相が変化せずに受信されるため，合成器には $\angle -90°$ の位相で到達する．よって，たがいに同位相で合成されるため受信信号が得られる．つまり円偏波の受信の際には，位相調整回路が進んだ位相を遅れさせ，位相差 0 で合成させる仕組みとなる．その結果，例えば RHCP を送信するアンテナが RHCP を受信すれば，この関係が成立することになる．

仮にこのアンテナに LHCP が届いた場合はどうなるであろうか？図 5.2 中の受信時の位相を（ ）内に示している．x 方向の電界を基準とし（$\angle 0°$ の位相），アンテナに到来した際に $-90°$ の位相シフトが生じて合成器へ到達する．y 方

172   5. 円偏波アンテナの測定

向の電界は ∠90° の位相をもってアンテナに到来するが，位相シフトがないため ∠90° のまま合成器へ届く。よって，合成器においては双方の成分間で 180° の位相差となってしまい，打ち消し合うことになる。よって，アンテナが RHCP であるならば，交差偏波の LHCP は受信できないことになる。なお，交差偏波の測定は AUT の偏波と直交関係にある偏波センス（RHCP に対しては LHCP）をもつ送信アンテナを使用すればよい。

5.2 偏 波 測 定 法

偏波の状態は，2 章の図 2.5 に示されるような $\delta, \gamma, \tau, \varepsilon$ で示されることはすでに述べた。基本的には，これらのパラメータが測定できればアンテナの偏波の状態もわかる。しかし円偏波アンテナの偏波測定においては，通常は AR とセンス，さらに主偏波と交差偏波の強度が重要である。偏波の測定法はいくつか知られているが，測定したいパラメータに応じて選ぶことができる。その方法のうちよく知られているものを表にした[6]。

以下，円偏波の測定に関してはこの表に沿って説明する。

5.3 放射パターンの測定

放射パターンは放射角度ごとの放射の強さを測定して図示した結果であるが，円偏波の場合はこの他に AR の評価も重要である。同時に AR は円偏波の主偏波と交差偏波の比とも密接な関係がある。ここでは，**表 5.1** 中の放射パターン法について説明する。

5.3.1 主偏波と交差偏波の測定

表 5.1 中の放射パターン法は，方位方向を関数とし，LHCP と RHCP の電界の大きさ $|E_L|$ と $|E_R|$ を測定する。その方法は主に二つ知られており，一つは主偏波と交差偏波を測定する方法であり，図 5.1 において送信アンテナは，1 平

5.3 放射パターンの測定　173

表 5.1 偏波測定法の概要

測　定　法	測定パラメータ
1. 放射パターン法	
(a) 主偏波と交差偏波パターン	主偏波と交差偏波強度（利得）
(b) スピンリニアパターン	直線偏波アンテナを波面内で回転
2. 偏波パターン	受信信号の波面内角度依存性を測定
3. 振幅–位相測定法	
(a) 直交する 2 円偏波アンテナで強度を測定	$\|E_R\|/\|E_L\|$
(b) 直交 2 成分の振幅と位相を測定	$\|E_x\|/\|E_y\|, \delta$
4. 偏波状態の測定	
偏波パターンとセンス	$AR, \tau, \mathrm{sgn}(AR)$
6 パラメータ法	$\|E_{x0}\|, \|E_{y0}\|, \|E_{45}\|, \|E_{135}\|, \|E_{L0}\|, \|E_{R0}\|$

面当り LHCP アンテナと RHCP アンテナを交互に用いて測定する。または，直線偏波のアンテナを用い，E_x と E_y に関して振幅と位相に関する放射パターンを測定し，式 (2.15) に代入して $\|E_L\|$ と $\|E_R\|$ を求める方法である。

送信アンテナは，誤差を抑えるために測定周波数において交差偏波が十分に低いアンテナを使用すべきである。この方法により測定された放射パターンは本書にも見られるが，例えば，4 章の図 4.18 (b), (c) のような例がある。放射パターンは，半径軸にアンテナ利得を示すことが多いため，主偏波と交差偏波それぞれについて利得の角度依存性がわかる。同時に，AR が式 (2.31) で与えられることより，E_L と E_R の比からも AR がわかる。すなわち，2.8 節で述べたように，例えば E_L と E_R の差が 15 dB 以上となる方位に注目すれば，$AR \leq 3\,\mathrm{dB}$ の円偏波が放射できる方位角の範囲がわかる。

以上，円偏波の主偏波と交差偏波からなる放射パターンの測定は，円偏波の送信アンテナを LHCP，RHCP 共に準備できれば，2 回の測定で振幅だけの測定となる。残るもう一つの方法は直線偏波のアンテナを用いる方法である。円偏波の送信アンテナが準備できない場合，振幅と位相の測定となるが，LHCPと RHCP の放射パターンは式 (2.15) を用いて描くことが可能である。すなわち，直交する成分 E_x, E_y の振幅および位相パターンを測定すれば，以下の式から E_L, E_R を求めることができる。

$$E_L = \frac{E_x + jE_y}{\sqrt{2}} \tag{5.1}$$

$$E_R = \frac{E_x - jE_y}{\sqrt{2}} \tag{5.2}$$

5.3.2 スピンリニア法

放射パターン法のもう一つの方法は，図 5.3 において送信アンテナに直線偏波のアンテナを用い，その偏波を波面内にて回転させる方法であり，**スピンリニア法**と呼ばれる．このとき，送信アンテナの回転速度は AUT の方位方向への回転に比べて十分高速でなければならない．

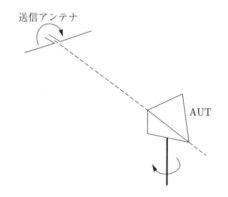

図 5.3 スピンリニアパターンの測定

この方法は，理想的な円偏波の場合，角度の変化に関して一定の受信レベルが観測されるが，パターンは方位方向に関してギザギザに変化しており，受信レベルの最大値と最小値の比から AR を測定する．これが **AR パターン**（axial ratio pattern）であり，その例を図 5.4 に示す．このパターンは図 4.16(b) に示した構造であり，全体図を図中に示す[7]．この構造は，アンテナの後方に導波管構造をもつため，ボアサイト方向から $\pm 90°$ の範囲のみ測定してある．図では xy 面のみ示してあるが，広帯域アンテナということを考慮し，8.5 GHz と 10.4 GHz におけるパターンを示している．ボアサイト方向は，8.5 GHz のほうが 10.4 GHz より若干 AR が小さい．また，横方向はいずれの周波数も AR が大きくなっていることがわかる．なお，この AR パターンのある角度付近の最

5.3 放射パターンの測定　175

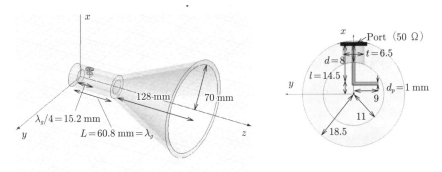

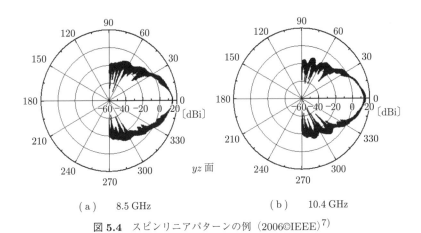

(a) 8.5 GHz　　　　　　(b) 10.4 GHz

図 5.4　スピンリニアパターンの例（2006©IEEE）[7]

大値を E_{max}，最小値を E_{min} とすると，主偏波放射パターン $|E_C|$ と，交差偏波放射パターン $|E_X|$ がつぎの式

$$|E_C| = \frac{E_{max} + E_{min}}{\sqrt{2}} \tag{5.3}$$

$$|E_X| = \frac{E_{max} - E_{min}}{\sqrt{2}} \tag{5.4}$$

で求められる[8]。

一方，この場合グラフの半径方向は dBi の単位としてるが，楕円偏波の長軸または短軸成分のアンテナ利得に相当する．送信アンテナ側が直線偏波であるため，この方法では最大値を示す瞬間であっても全電力の送受信が行われてい

176   5. 円偏波アンテナの測定

るわけではない。偏波が完全な円偏波であれば，理論的に3 dBの偏波損失が存在するが，楕円偏波であれば偏波損失の様子は変わってくる。スピンリニアパターンの測定で円偏波の利得を得る方法については5.7.3項にて後述する。

スピンリニアパターンの場合。ARと全電力の測定ができることから各方位角における最大値と最小値に意味がある。よって，これらの値を得るためには，ある方位角における測定時間の間に最低でも送信アンテナを180°回転させる必要がある。さらにこれらの値の中間値については，つぎの5.4節の偏波パターンの説明で述べるように，本来の偏波パターンと測定値のそれぞれの振幅が異なるため，測定として意味をもたないことに注意すべきである。

5.4 偏波パターンの測定

偏波パターンとは，図5.3のように送信アンテナを波面内で回転させた場合において，受信信号振幅についての送信アンテナのアライメント角αに関する応答である。この測定により，楕円偏波の長軸aや短軸bの測定からARが測定でき，さらに長軸の角度からチルト角τの測定が可能である。

いま，チルト角τの楕円偏波を励振するAUTの偏波パターンを測定するとして，直線偏波の送信アンテナを回転させる。このとき，受信信号の振幅を直線偏波アンテナの角度αの関数で図示した場合，楕円偏波は正確に表現されずに図5.5の実線のようなひょうたん形の偏波パターンとなる。ここで，破線がAUT本来の楕円偏波の形である。

では，なぜ本来の偏波の形と偏波パターンは異なる形になるのであろうか？いま，送信アンテナ（直線偏波）の角度が図5.5のようにαであるとする（図中の一点鎖線）。このとき，受信応答は，高速で回転中の高周波電界$\boldsymbol{E}$ベクトルの角度αのライン上への正射影ベクトルで得られる。この正射影ベクトルが最大の長さとなる瞬間が図5.5に描かれている。すなわち図より，この角度への正射影像の最大振幅値は，$\boldsymbol{E}$が高速で回転しているために，本来の偏波の振幅より大きくなることがわかる。したがって，得られる偏波パターンはひょう

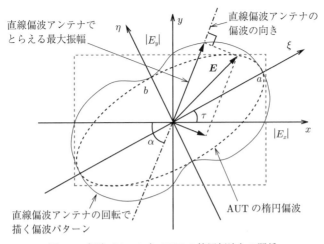

図 5.5 偏波パターンと AUT の楕円偏波との関係

たん形を描くことになる。

ここで重要なことは，図で示したように得られるひょうたん形の偏波パターンは，角度 τ とそれに関する長軸および短軸の長さを正確に表現できるということである。よって，偏波パターンからは AR と τ の情報を得ることができる。すなわち，偏波パターンの振幅値の最小値が短軸の長さであり，最大値が長軸の長さであり，最大振幅が得られる直線偏波アンテナの角度が長軸の角度 τ である。

以上，一般性を考えて偏波が楕円である場合についての偏波パターンについて述べた。では，偏波が直線偏波や完全な円偏波であった場合にはどうなるのかというと，完全な円偏波の場合は，偏波パターンは完全な円形となり，直線偏波の場合は，ひょうたんのくびれた部分の幅が 0 になり，ひょうたんというより二つの円が原点でくっついた 8 の字形の偏波パターンになる。

5.5　AR の 測 定

円偏波や偏波の評価にとって重要なパラメータが AR である。本節では，AR

178   5. 円偏波アンテナの測定

の各種測定法について説明する。これらは，直線偏波アンテナを用いる方法や円偏波アンテナを用いる方法がある。

5.5.1　スピンリニアパターン測定による AR 測定

すでに述べたように，直線偏波アンテナを偏波面内で回転させるスピンリニア法で偏波パターンを描くことができれば，受信信号レベルの最大値と最小値の比から AR は簡単に測定できる。この方法の特徴は，位相測定の必要がないために発振器とスペクトラムアナライザでの測定でも可能なことである。また，1回の測定で AR の測定が可能なことである。その一方で，アンテナを偏波面内で回転させる設備が必要である。また，センスの特定はできない。

5.5.2　直線偏波アンテナを用いた AR 測定

〔1〕　**ARの特性**　　円偏波の AR は，直線偏波のアンテナを用いて直交する二つの成分の振幅比（$|E_x|/|E_y|$）と位相差 δ から測定できる。送信アンテナには交差偏波が弱い直線偏波のアンテナを用いる。送信アンテナの偏波は水準器などを用いてアンテナの水平面または垂直面を地面を基準に正確に測るなど，直交関係を確認する手段を用いて垂直成分と水平成分を測定すべきである。ただし，たがいに直交関係であれば，必ずしも地面を基準にした水平および垂直でなくてもよい。測定の手順としては以下のとおりである。また，$|E_x|,|E_y|$ は，x 方向の偏波の S_{21x}，y 方向の偏波の S_{21y} から求められる。

1) 送信アンテナ（直線偏波）の偏波方向を垂直方向に向ける（このとき水準器の使用が便利）。振幅 $|S_{21x}|$〔dB〕特性を記録する。同時に位相 δ_x を計測し，これをリファレンスとする。

2) 偏波方向を水平方向にし，$|S_{21y}|$〔dB〕を計測する，さらに位相 δ_y を測定し，位相差 $\delta = \delta_y - \delta_x$ を得る。

3) 式 (2.28) を dB で扱うつぎの式より，AR〔dB〕を計算する。

$$AR = 10 \log_{10} \frac{|E_x|^2 \cos^2 \tau + |E_y|^2 \sin^2 \tau + \alpha}{|E_x|^2 \sin^2 \tau + |E_y|^2 \cos^2 \tau - \alpha} \quad \text{〔dB〕} \tag{5.5}$$

5.5 AR の 測 定

ここで

$$\alpha = |E_x||E_y|\sin 2\tau \cos\delta \tag{5.6}$$

$$\tau = \frac{1}{2}\tan^{-1}\frac{2|E_x||E_y|\cos\delta}{|E_x|^2 - |E_y|^2} \tag{5.7}$$

$$|E_x| = 10^{|S_{21x}|/20}, \qquad |E_y| = 10^{|S_{21y}|/20} \tag{5.8}$$

である。

この方法は，スピンリニア法のようなアンテナを偏波面内で回転させる設備は不要であり，直線偏波アンテナが用意できれば可能な方法であるが，位相測定が必要であるため，ベクトルネットワークアナライザが必要である。また，1回の AR 測定には垂直成分と水平成分の 2 回の測定が必要である。

〔**2**〕**センスの特定**　直線偏波送信アンテナを用いた円偏波のセンスは，水平成分と垂直成分間の位相の進み遅れの関係からわかる。いま，位相回路の詳細が不明な図 5.6 のアンテナ（AUT）を受信アンテナとし，そのセンスを調べる作業について述べる。

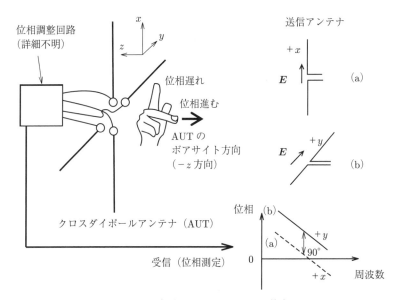

図 5.6　円偏波アンテナのセンスの特定

180　5.　円偏波アンテナの測定

1) 送信側の直線偏波から x 方向の偏波を送信する。このときの受信信号の位相を記録する。ただし，測定の際には座標を決めて送信アンテナのどの向きが $+x$ 方向に向いているのかをチェックする。

2) 同様に y 方向の偏波を送信し，このときの受信信号の位相を記録する。このとき，1) で確認したアンテナの $+x$ 方向部分を $+y$ 方向に向ける。

3) 1), 2) のときの位相を比べ，E_x と E_y のうち位相が進んでいる成分の $+$ 方向に親指を向け，遅れている成分の $+$ 方向に人差し指，かつ AUT のボアサイト（放射方向または送信アンテナの方向。この場合は $-z$ 方向）に中指が向くほうの手が右手であれば，主偏波は RHCP，左手であれば LHCP である。

以上の手順により，図 5.6 の受信アンテナは，$-z$ 方向に対して RHCP であるとわかる。このアンテナを送信アンテナと使用しても，図の右手の関係から y 方向が x 方向より位相が進んでいるため，このアンテナは $-z$ 方向に対しては RHCP となり，測定される位相関係は変わらない。すなわち，以上の手順は図中の送信アンテナと受信アンテナの関係が逆転しても成立する。なお，このアンテナは原理上 $+z$ 方向に対しては LHCP を放射することがわかるが，事実，$+x, +y$ 方向の位相関係とボアサイトである $+z$ 方向の関係が左手で表現できる。

5.5.3　円偏波アンテナを用いた AR 測定とセンスの特定

〔1〕　ARの測定　　送信アンテナに円偏波アンテナを用いて AR が測定できる。この測定においては，AR は LHCP と RHCP の偏波比 $|E_R|/|E_L|$ を用いて式 (2.31) から測定でき，位相測定が必要ないという長所がある。この測定のためには，図 5.1 に示した環境で，送信アンテナとして LHCP および RHCP に対応した二つのアンテナを準備する。ただし，送信アンテナは測定周波数において十分 AR の低いアンテナを用いる必要があり，センス以外のアンテナ利得やインピーダンス整合の様子などは同一である必要がある。送信アンテナの AR が 0 dB より大きければ送信波に交差偏波が含まれるため，AUT の AR は送信アンテナの AR 程度だけ高く測定されることに注意すべきである。測定手

順としては，例えばつぎのようになる。

1) 十分 AR が低く，かつたがいにセンスの異なる二つの円偏波アンテナを使用する。

2) 1回目の測定を左旋円偏波アンテナを用いて AUT の $|E_L|$〔dB〕を計測する。

3) 2回目の測定を右旋円偏波アンテナを用いて AUT の $|E_R|$〔dB〕を計測する。

4) 式 (2.32) を dB で表現するつぎの式から，AR〔dB〕を計算する。

$$AR = 20\log_{10}\frac{10^{||E_L|-|E_R||/20}+1}{10^{||E_L|-|E_R||/20}-1} \quad \text{〔dB〕} \tag{5.9}$$

いうまでもなく，右旋円偏波と左旋円偏波の測定については順番は逆でもよい。

この方法は，スピンリニアの設備も位相測定も不要である点が手軽でよいが，AR が十分低くセンスの異なる円偏波アンテナを二つ用意する必要がある。また，1回の AR の測定に対し LHCP と RHCP アンテナによる 2 回の測定が必要である。

〔**2**〕 **センスの特定**　偏波の旋回方向であるセンスは，用いる送信アンテナに LHCP および RHCP の二つのアンテナを用いれば簡単にわかる。LHCP または RHCP を交互に用いて，受信信号が強いほうから主偏波のセンスを特定できる。

5.6　偏波状態の測定

偏波の状態の詳細は，ポアンカレ球上の位置に表すことができる。その方法は二つあり，一つは振幅と位相の測定によるものと振幅測定のみによる方法がある。

5.6.1　振幅と位相の測定による方法

前節までの方法により，直交する二つの成分の振幅比 E_y/E_x，位相差 δ，AR，

センス，チルト角 τ の測定が可能であることを述べた．これらより，偏波状態を図 2.5 のポアンカレ球上に表すことができる．このために必要なパラメータは τ, $\varepsilon = \cot(-AR)$, $\gamma = \tan^{-1}(E_y/E_x)$ であり，前節までの方法により，これらのパラメータを得ることができる．

5.6.2 振幅測定のみによる方法（6 パラメータ法）

偏波の詳しい状態は，ストークスパラメータに基づき位相測定なしに振幅測定のみで得ることもできる．**6 パラメータ法**[9]とも呼ばれているこの方法では，図 5.7 に示す六つの偏波状態の送信アンテナで AUT から得られる受信信号の振幅を意味し，それぞれ図に示すように，$|E_{x0}|, |E_{y0}|, |E_{45}|, |E_{135}|, |E_{L0}|, |E_{R0}|$ とする．

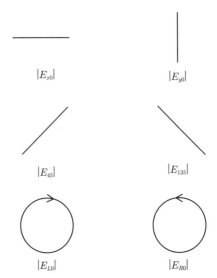

図 5.7　6 パラメータ法で用いる送信アンテナの偏波

まず，図 5.8 のポアンカレ球の図にも示した Y_L, Y_D のパラメータについて説明する．これらは，式 (2.19) のストークスパラメータから $S_0 = A^2$ で規格化することで

5.6 偏波状態の測定

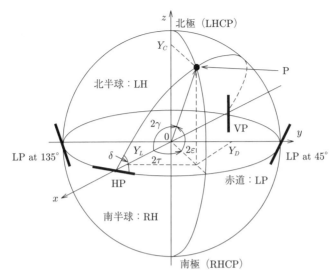

図 5.8 電力で規格化されたポアンカレ球

$$Y_L = \frac{S_1}{S_0} \tag{5.10}$$

$$Y_D = \frac{S_2}{S_0} \tag{5.11}$$

$$Y_C = \frac{S_3}{S_0} \tag{5.12}$$

のように求められる。Y_L は直線偏波の比 $|E_{y0}|/|E_{x0}|$ から式 (5.11) に基づきつぎのように求められる。

$$Y_L = \frac{S_1}{S_0} = \frac{1 - |E_{y0}|^2/|E_{x0}|^2}{1 + |E_{y0}|^2/|E_{x0}|^2} = \frac{1 - |\rho_L|^2}{1 + |\rho_L|^2} \tag{5.13}$$

つぎに, x 軸から 45° の直線偏波に対する 135° の直線偏波の振幅比 $|E_{45}|/|E_{135}|$ から, 式 (5.11) に基づき Y_D がつぎのように求められる。

$$Y_D = \frac{S_2}{S_0} = \frac{1 - |E_{135}|^2/|E_{45}|^2}{1 + |E_{135}|^2/|E_{45}|^2} = \frac{1 - |\rho_D|^2}{1 + |\rho_D|^2} \tag{5.14}$$

一方, 図 5.8 より

$$Y_L = \cos 2\gamma \tag{5.15}$$

184   5. 円偏波アンテナの測定

$$Y_D = \sin 2\gamma \cos |\delta| \tag{5.16}$$

となるので，式 (5.13), (5.14) より，γ, δ が求められる。ここで δ の正負の符号
は，$|E_{L0}| > |E_{R0}|$ なら $+$，$|E_{L0}| < |E_{R0}|$ なら $-$ である。また

$$\frac{Y_D}{Y_L} = \frac{\sin 2\gamma \cos \delta}{\cos 2\gamma} = \tan 2\gamma \cos \delta = \tan 2\tau \tag{5.17}$$

が得られる。よって，式 (5.13), (5.14), (5.17) より τ が求められる。さらに，
$|E_{L0}|/|E_{R0}|$ から，式 (2.31), (2.32) の関係を用いて ε が求められる。

以上のように，図 5.8 に示されているパラメータ $\gamma, \tau, \varepsilon, \delta$ を得ることができ，
ポアンカレ球上に偏波状態を示すことができる。この方法を用いれば，位相測
定の環境が整わない場合でも，偏波状態を詳細に知ることができる。

5.7   円偏波アンテナの利得の単位と直交 2 偏波の電力合成

本節以降，円偏波アンテナの利得測定の話に移るが，その前に円偏波アンテ
ナ特有の概念として利得の単位が直線偏波と異なることに触れることにする。
これは，円偏波が直交する二つの直線偏波の合成と考えられるためである。本
節では，利得測定方法の話の前に，円偏波アンテナの利得の単位と直交 2 偏波
の電力合成について述べる。

5.7.1   円偏波アンテナの利得の単位

1 章でも述べたように，アンテナの指向性利得は一定の全放射電力を保ちつ
つ，等方性アンテナの放射をボアサイト方向に集中させた場合，等方性アンテナ
に比べてどれだけ放射電力を向上させるかを表したものである。直線偏波では
直線偏波の等方性アンテナが基準であり，利得の単位は〔dBi〕が使用される。
円偏波アンテナの利得の場合，基準となるアンテナは円偏波の等方性指向性ア
ンテナと仮定するが，それを示すために円偏波アンテナの利得の単位は〔dBic〕
を用いる。

アンテナの利得測定はよく知られているようにフリスの公式

5.7 円偏波アンテナの利得の単位と直交2偏波の電力合成 185

$$|S_{21}| = (1 - |S_{11}|)(1 - |S_{22}|)\frac{G_1 G_2}{4k_0^2 L} \qquad \left(k_0 = \frac{2\pi}{\lambda_0} \right) \qquad (5.18)$$

がその根拠となる[2]。ただし，G_1, G_2 は送受信アンテナそれぞれの利得，L は
それぞれのアンテナの位相中心間の距離であり，送信アンテナをベクトルネッ
トワークアナライザ（VNA）の Port 1，受信アンテナを Port 2 に接続し，かつ
送受信を行った場合の受信電力の送信電力に対する比である伝送量を $|S_{21}|$ と
しており，式 (1.112) から表現を変更している。

　利得の測定には送信アンテナおよび AUT である受信アンテナを用いること
になるが，送信アンテナが直線偏波アンテナで，AUT が円偏波アンテナだと
すると，送信アンテナが円偏波アンテナの場合に比べて受信電力は理論的には
3 dB 小さくなる（偏波損失）。この場合，2.5.2 項の議論から，送信アンテナは
入力電力のうち半分ずつ（−3 dB）の電力を LHCP と RHCP[†] で同時に送信し
ていると理解できるが，受信側の円偏波アンテナはこのうち一つしか受信しな
いからである。また，逆に送信側が円偏波アンテナで受信側が直線偏波アンテ
ナであれば，送信した直交する2直線偏波の基底うち1成分しか受信しないた
め，受信電力は 3 dB 減衰すると理解できる。すなわち送受信関係が逆になって
も結果は同じであることが理解できる。利得測定において 3 dB の差は大きい
が，AUT が円偏波アンテナであることを考慮するなら，AUT が送信側であろ
うと受信側であろうと，送信した偏波の基底となる2成分（たがいに直交する
直線偏波または円偏波の2成分）をどちらも考慮する仕組みで測定する必要が
ある。よって，この仕組みで測定したことを表すために，円偏波アンテナの利
得の単位として〔dBic〕が通常用いられる。

　原則として円偏波 AUT の利得測定には送信アンテナなどには円偏波アンテ
ナを用いるが，円偏波アンテナと直線偏波アンテナの組合せで利得を測定する
場合，直交する二つの受信電力を合成する仕組みが必要である。つぎの5.7.2項
で説明するように，直交2成分の電力合成を行えば，直線偏波アンテナを測定
に用いても円偏波 AUT の利得は測定できる。

[†] これらはたがいにベクトル的に直交する基底であることに注意。

186   5. 円偏波アンテナの測定

5.7.2 直交2偏波の電力合成

円偏波は二つの直交成分の合成で構成される。送受信アンテナ共に円偏波アンテナであれば，送信電力は直交する2偏波に分割されて送信され，受信アンテナ側でそれらは合成されると考えられる。送受信のうち一方のアンテナが直線偏波である場合，直交2成分のうち1成分のみ受信される。よって，測定の際に円偏波のAUTの他に直線偏波のアンテナしかない場合，二つの成分の電力合成を考える必要がある。

利得の測定を行う場合には，ARが比較的高い楕円偏波であることがわかっているのであれば，$|E_L|^2 + |E_R|^2 = |E_\xi|^2 + |E_\eta|^2$の測定から全電力を求めることができる（$\xi, \eta$軸は図2.3を参照）。一方で，LHCPまたはRHCPのうち，各センスごとに注目した利得が必要になることも多い。以下，それぞれの場合の電力合成の考え方について述べることにする。

〔1〕 **偏波の全電力を求める**   図5.5を用いた議論から，直線偏波のアライメント角，すなわちアンテナの偏波の向きが楕円偏波の長軸と短軸に平行な場合は，それぞれの軸成分の強度を正確に測定できるが，それ以外の角度の場合，正確に偏波パターンの強度は得られないことを述べた。よって電力合成する場合，直線偏波の角度を選び，ξ軸とη軸（すなわち，長軸と短軸）の2偏波の電力を合成するとよい。よって，これらの電力P_ξ, P_ηの合成電力P_tは

$$P_t = P_\xi + P_\eta = |E_\xi|^2 + |E_\eta|^2 \tag{5.19}$$

となり，これを偏波内の**全電力**と呼ぶことにする。ここで，$|E_\xi|$と$|E_\eta|$はそれぞれ図5.5におけるa, bに相当するが，式(A.32), (A.33)，および円偏波に関して式(5.2)を考慮して上式に代入すると

$$P_t = |E_\xi|^2 + |E_\eta|^2 = a^2 + b^2 \tag{5.20}$$

$$= |E_L|^2 + |E_R|^2 \tag{5.21}$$

となる。よって，直交する二つの偏波の電力の合計が全電力P_tであることを表している。このP_tは，主偏波の電力に交差偏波の電力が含まれている。

5.7 円偏波アンテナの利得の単位と直交 2 偏波の電力合成　　187

フリスの公式 (5.18) に含まれる全電力を表す S_{21}〔dB〕についても同様に考えることができ，直交する 2 偏波成分の合計で表すことができる．すなわち，直交 2 成分を合成した送受信アンテナ間の伝送係数 S_{21} は

$$|S_{21}| = 10 \log_{10} \left(10^{|S_{\xi 21}|/10} + 10^{|S_{\eta 21}|/10} \right) \qquad (5.22)$$

$$= 10 \log_{10} \left(10^{|S_{L21}|/10} + 10^{|S_{R21}|/10} \right) \quad \text{〔dB〕} \qquad (5.23)$$

となる．ここで，$S_{\xi 21}, S_{\eta 21}$ は ξ, η 成分の S_{21} であり，同様に，S_{x21}, S_{y21} は x, y 成分の S_{21}，S_{L21}, S_{R21} は LHCP, RHCP 成分の S_{21} である．アンテナの全利得の測定においては式 (5.22) を用いた $|S_{21}|$ の測定が，フリスの公式に基づく後述の利得測定において大きな役割を果たす．

一方この方法に基づき，直交する 2 偏波の利得が測定できた場合

$$G_t = 10 \log_{10} \left(10^{G_\xi/10} + 10^{G_\eta/10} \right) \qquad (5.24)$$

$$= 10 \log_{10} \left(10^{G_L/10} + 10^{G_R/10} \right) \quad \text{〔dBic〕} \qquad (5.25)$$

によって測定できる利得を**全利得**と呼ぶことにする．G_ξ, G_η はそれぞれの添字の表す軸の偏波の利得〔dBi〕であり G_L, G_R はそれぞれ偏波に含まれる LHCP, RHCP の利得〔dBic〕である．この式を用いれば，例えば 5.3.2 項で述べたスピンリニアパターンを測定した場合においては，各方位角度における最大値と最小値の利得がそれぞれ G_ξ, G_η〔dBi〕であった場合，G_t が〔dBic〕で得られる．

〔2〕 **各センスの円偏波電力**　　全利得 G_t の中から各センスごとの円偏波利得 G_L, G_R を抽出する方法について述べる．まず，その方法の一つとして，既知の AR を用いて各センスの比 $|E_R|^2/|E_L|^2$ を式 (2.32) より求めることができる．全電力 G_t がわかれば各センスの電力を算出することができるが，AR の測定が必要となる．

つぎに E_x, E_y に関する情報から抽出する方法を述べる．2.6 節で述べたストークスパラメータのうち，式 (2.20), (2.23) を用いて，S_3/S_0 を計算して

$$\frac{|E_R|^2}{|E_L|^2} = \frac{S_0 - S_3}{S_0 + S_3} \qquad (5.26)$$

$$= \frac{|E_x|^2 + |E_y|^2 - 2|E_x||E_y|\sin\delta}{|E_x|^2 + |E_y|^2 + 2|E_x||E_y|\sin\delta} \tag{5.27}$$

が求められる。この式は LHCP と RHCP の電力比であるが，分母，分子は直接それぞれのセンスの電力を表したものではない。よって分母，分子をそれぞれ

$$|E_L|^2 = \zeta(|E_x|^2 + |E_y|^2 + 2|E_x||E_y|\sin\delta)$$

$$|E_R|^2 = \zeta(|E_x|^2 + |E_y|^2 - 2|E_x||E_y|\sin\delta)$$

とおいて式 (2.20) に代入すると，$|E_x|^2 + |E_y|^2 = |E_L|^2 + |E_R|^2$ の関係から $\zeta = 1/2$ が求まる。

よって，直交する二つの成分のそれぞれの受信電力を S_{21} パラメータを用いてそれぞれ S_{x21}, S_{y21}〔dB〕，およびそれぞれの成分の位相差を $\delta = \delta_y - \delta_x$ とした場合，LHCP または RHCP に対する S_{L21}, S_{R21} は

$$|S_{L21}| \text{ or } |S_{R21}|$$
$$= \log_{10}\left(\frac{|E_x|^2}{2} + \frac{|E_y|^2}{2} + pS_e|E_x||E_y|\sin\delta\right) \text{〔dB〕} \tag{5.28}$$

となる。ここで

$$|E_x| = 10^{|S_{x21}|/20} \tag{5.29}$$

$$|E_y| = 10^{|S_{y21}|/20} \tag{5.30}$$

$$p = 1 \qquad \text{(for } +z) \tag{5.31}$$

$$p = -1 \qquad \text{(for } -z) \tag{5.32}$$

$$S_e = 1 \qquad \text{(for LHCP)} \tag{5.33}$$

$$S_e = -1 \qquad \text{(for RHCP)} \tag{5.34}$$

である。式中の p については，円偏波アンテナ（送信アンテナまたは参照アンテナ）の放射方向が，図 5.1 または図 5.9 において $+z$ であれば $p = 1$，$-z$ であれば $p = -1$ である。S_e は円偏波のセンスを表し，主偏波が LHCP であれば $S_e = 1$，RHCP であれば $S_e = -1$ である。よって，円偏波のセンスやアン

テナの放射方向が重要なので，式 (5.28) を用いるときは座標軸をはっきり定めることが重要である。センスは図 5.6 の方法で求められる。よって，$S_e = 1$ のときに求められる S_{21} を用いて求めた利得が G_L となり，同様に $S_e = -1$ のときに G_R を求めることができる。

ここで，式 (5.28) の log の中身である

$$P = \frac{|E_x|^2}{2} + \frac{|E_y|^2}{2} + p S_e |E_x||E_y|\sin\delta \tag{5.35}$$

の意味について述べる。まず，$+z$ 方向に放射する斜め 45° のアライメントで，十分交差偏波の小さなダイポールアンテナ (LP) を考える。放射方向への全電力を $|E_x|^2 + |E_y|^2 = |E_L|^2 + |E_R|^2 = 1$ と考えると，$|E_x| = 1/\sqrt{2}$，$|E_y| = 1/\sqrt{2}$，$\delta = 0$，$S_e = \pm 1$ と仮定できる。この場合，式 (5.35) より $P = 1/2$ が求められる。これは，$S_e = 1$ として求められる $P = 1/2$ が LHCP，さらに $S_e = 1$ として求められる $P = 1/2$ が RHCP の電力と解釈できる。この結果は 2.5.2 項での議論に基づき，LHCP と RHCP が同じ電力で合成された場合には合成結果が直線偏波となることを考えると納得できる。また，理想的な RHCP の場合では $|E_x| = 1/\sqrt{2}$，$|E_y| = 1/\sqrt{2}$，$\delta = -90°$，$S_e = -1$ と置けるが，このとき，$P = 1$ が求まり，放射される全電力のすべてが RHCP であることを意味する。よって，式 (5.28) を用いれば，AR が高い場合であっても，LHCP 成分または RHCP 成分に相当するそれぞれの $|S_{L21}|$ または $|S_{R21}|$ を抽出できることがわかる。

5.7.3 dBi と dBic の関係

円偏波の利得の単位については，5.7.1 項で述べたように直線偏波の場合と区別する必要があり，dBic の単位が使用されることが多い。ここでは，直線偏波で使用される利得の単位である dBi と，円偏波で使用される dBic の関係について考える。AR は図 5.5 の ξ 軸上の長軸の長さ a と η 軸上の短軸の長さ b の比から $AR = a/b$ で定義されることから，偏波の長軸のみを直線偏波のアンテナで測定した利得を $G_\xi \,[\text{dBi}]$ とすると，短軸に対する利得 $G_\eta \,[\text{dBi}]$ は

190　　　5. 円偏波アンテナの測定

$$G_\eta[\text{dBi}] = G_\xi[\text{dBi}] - AR[\text{dB}] \tag{5.36}$$

と考えることができる。円偏波の全利得 $G_t[\text{dBic}]$ は，5.4 節，5.7.1 項，および 5.7.2 項に関する議論を考慮すると，ξ 方向と η 方向の電力成分の合計から求められる。よって，式 (5.36) を考慮すると

$$G_t[\text{dBic}] = 10\log_{10}\left(10^{G_\xi/10} + 10^{G_\eta/10}\right) \tag{5.37}$$

$$= G_\xi + 10\log_{10}\left(1 + 10^{-AR[\text{dB}]/10}\right) \tag{5.38}$$

の関係が求まる。よって，長軸に対する利得と AR がわかれば，直交 2 成分の測定から電力合成をしなくても dBi から dBic への換算は可能である。もちろん，同様に考えて短軸の利得からの換算も可能である。

また，全利得から LHCP, RHCP それぞれの円偏波利得 G_L, G_R の求め方について述べる。式 (2.32) より

$$\rho = \frac{|E_R|}{|E_L|} = \frac{AR - 1}{AR + 1} \tag{5.39}$$

であるから

$$G_L[\text{dBic}] = 10\log_{10}\left\{\frac{(AR+1)^2}{2(AR^2+1)}10^{G_t[\text{dBic}]/10}\right\} \tag{5.40}$$

$$G_R[\text{dBic}] = 10\log_{10}\left\{\frac{(AR-1)^2}{2(AR^2+1)}10^{G_t[\text{dBic}]/10}\right\} \tag{5.41}$$

が求められる。ここで，式 (5.39), (5.40), (5.41) における単位のない AR は，a/b に相当する比の値である。この場合でも，5.7.2 項で述べたように $G_\xi[\text{dBi}]$ と AR から各センスの利得を dBic の単位で求めることができる。

以上の式は，5.3.2 項で述べたスピンリニアパターンの測定において，円偏波の利得を求める場合に使用できる。円偏波の利得は，所望の角度（例えば放射方向）付近の受信強度の最大値を G_ξ とし，式 (5.38) と式 (5.40) または式 (5.41) を使用することで求められる。なお，この場合，スピンリニアの測定であっても円偏波のセンスを求める必要がある。

また，本節で用いたパラメータを $G_\xi \to |S_{21\xi}|$（ξ 方向の $|S_{21}|$），さらにセンスに応じて G_L または $G_R \to |S_{21}|$ のように置き換えれば，次節で述べる利

得測定において，式 (5.28) の代わりに使用できる。

5.8　円偏波アンテナの利得の測定

アンテナの利得は重要なパラメータであるが，円偏波アンテナの利得の測定として，比較法，2 アンテナ法，3 アンテナ法による測定方法について述べる。一般的には金属反射板を使用した 1 アンテナ法も知られているが，円偏波アンテナの場合は反射波が交差偏波になるため，適用できない。以下，円偏波アンテナの利得測定の方法について述べるが，ここでは主偏波となる円偏波成分の利得測定を前提としているため，センスに応じて $|S_{21}| = |S_{L21}|$ または $|S_{R21}|$ として，式 (5.28) より求めることができる。AR が十分低いことがわかっている場合の測定であれば，式 (5.28) の代わりに式 (5.22) を用いてもよい。この場合，利得測定に限ればセンスの特定や位相測定は省略できる。さらに，5.7.3 項で述べたように，長軸に関する $S_{21\xi}$ が求められるならば，式 (5.40) または式 (5.41) も使用できる。

5.8.1　比　　較　　法

一般にアンテナの利得を測定するときには，同じ条件で利得が既知のアンテナと AUT の間で送受信電力の違いが測定できればよい。この方法は**比較法**と呼ばれ，図 **5.9** のような送信アンテナ，**VNA**（ベクトルネットワークアナライザ），参照アンテナを用いた測定環境で行う。ここで，AUT の利得 G_T〔dBic〕を測定するものとし，参照アンテナ Ant 2 は十分交差偏波が低く，利得 G_0〔dBic〕/〔dBi〕は既知であるとする。また，送信アンテナと AUT，および送信アンテナと参照アンテナ間の距離 L については，位相中心間の距離であるとする。以下，Ant 1 と Ant 2 はそれぞれ十分に整合がとれていると仮定し，さらにこれらのアンテナ間の伝送量を S_{21}^R と仮定すれば，用いるアンテナの偏波がすべて同じ場合，利得測定の基本的手順としてはつぎのようになる。

1)　Ant 1 と Ant 2（利得既知）を用いて，これらのアンテナ間の $|S_{21}^R|$〔dB〕

5. 円偏波アンテナの測定

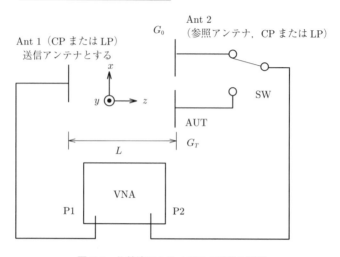

図 5.9 比較法による AUT の利得の測定

を測定する。

2) スイッチ SW を切り換え, Ant 1 と AUT を用いて $|S_{21}|$ [dB] を測定する。

3) $G_T = |S_{21}| - |S_{21}^R| + G_0$ で AUT の利得が求められる。

この測定法においては, AUT 以外のアンテナの AR が十分低いのであれば, Ant 1, Ant 2 と同じセンスの円偏波成分の利得を測定したことになる。また, 用いるアンテナの整合が十分でない場合, 各アンテナ端子 (Ant 2 または AUT) における反射量 $|S_{11}|$ [dB] を用いて, $|S_{21}| \to |S_{21}| - 10\log_{10}(1 - 10^{|S_{11}|/10})$ と読み替えればよい。$|S_{21}^R|$ についても同様である。

円偏波アンテナ (CP) の利得測定の場合, 用いるアンテナはすべて円偏波とするのが原則であるが, 測定環境によっては送信アンテナや測定に用いる参照アンテナが直線偏波 (LP) しか準備できない場合も考えられる。このような円偏波アンテナと直線偏波アンテナの組合せで送受信を行う状況の場合は, 5.7.2 項の議論に基づき, 直交 2 偏波の電力合成を行う。

一方, 円偏波 AUT の利得を比較法で測定する上で考えられる測定環境として, 以下の三つの場合について述べる。ここで送信アンテナが Ant 1, 参照ア

5.8 円偏波アンテナの利得の測定　　193

ンテナが Ant 2 である。

(1)　Ant 1 と Ant 2 が共に円偏波

(2)　Ant 1 が直線偏波，かつ Ant 2 が円偏波

(3)　Ant 1 と Ant 2 が共に直線偏波

以下，それぞれの場合について述べる。ただし，電力合成の方法として式 (5.28) に基づく方法を用いている。

〔**1**〕　**送信アンテナ（Ant 1）と参照アンテナ（Ant 2）の双方が円偏波アンテナ**　　この場合，直線偏波アンテナの比較法による測定方法と同様であるが，本項で前述した手順 1)〜3) に沿って測定を行えばよい。

〔**2**〕　**送信アンテナ（Ant 1）が直線偏波，参照アンテナ（Ant 2）が円偏波**　　本項で前述した手順 1), 2) において，送信アンテナを垂直偏波および水平偏波にして行う。すなわち，以下の手順となる。

1)　Ant 1 を垂直偏波とし，Ant 2 を用いて，$|S_{21x}^R|$ と位相 δ_x を測定する。

2)　Ant 1 を水平偏波とし，Ant 2 を用いて，$|S_{21y}^R|$ と位相 δ_y を測定する。

3)　$\delta = \delta_y - \delta_x$ を求め，さらにセンスを求めて S_e を決定する。

4)　5.7.2 項で述べた方法を用いて，求めた値を $|S_{21}^R|$ とする。ここで，$p = -1$ とする。

5)　スイッチ SW を切り換え，AUT に対して $|S_{21x}|$ と位相 δ_x を測定する。

6)　スイッチ SW を切り換え，AUT に対して $|S_{21y}|$ と位相 δ_y を測定する。

7)　$\delta = \delta_y - \delta_x$ を求め，さらにセンスを求めて S_e を決定する。

8)　式 (5.28) を用いて $|S_{21}|$ を求める。ここで，$p = -1$ である。

9)　$G_T = |S_{21}| - |S_{21}^R| + G_0$ で AUT の利得が求められる。

〔**3**〕　**送信アンテナ（Ant 1）と参照アンテナ（Ant 2）の両方が直線偏波**　　手順は以下のとおりである。

1)　Ant 1 と Ant 2 を共に同じ偏波とし，$|S_{21}^R|$ を測定する。

2)　スイッチ SW を切り換え，Ant 1 を垂直偏波とし，AUT を用いて $|S_{21x}|$ と位相 δ_x を測定する。

3)　スイッチ SW を切り換え，Ant 1 を水平偏波とし，AUT を用いて $|S_{21y}|$

194   5. 円偏波アンテナの測定

と位相 δ_y を測定する。

4)　$\delta = \delta_y - \delta_x$ を求め，さらにセンスを求めて S_e を決定する。

5)　式 (5.28) を用いて $|S_{21}|$ を求める。ただし，$p = -1$ である。

6)　$G_T = |S_{21}| - |S_{21}^R| + G_0$ で AUT の利得が求められる。

以上のうち，(2)，(3) の方法では，偏波の長軸が任意の角度であっても E_x, E_y から各センスの利得測定が可能である。

5.8.2　2アンテナ法

2アンテナ法の場合，送受信に用いるアンテナが同一であることが前提であり，直線偏波アンテナの場合と比べて測定手順において変わりはない。アンテナの利得は G〔dBic〕とし，式 (5.18) へ $G = G_1 = G_2$ を代入して求めた式

$$G = \frac{1}{2}\left(20\log_{10}\frac{4\pi L}{\lambda_0} + |S_{21}| + M_1 + M_2\right)$$

$$(M_i = -10\log_{10}(1 - 10^{|S_{ii}|/10})) \qquad (5.42)$$

を用いる[2]。ここで，$i = 1, 2$ はアンテナ番号，M_i は送受信アンテナの整合ロスを考慮した補正値であり，M_i および S_{21}, S_{ii} の単位は dB である。

5.8.3　3アンテナ法

同一の二つのアンテナを準備するのが困難な場合，アンテナを三つ準備できれば，たがいに異なるアンテナであっても利得の測定が可能である。用いるアンテナ番号 1, 2, 3 の利得をそれぞれ G_1, G_2, G_3 とした場合，送信アンテナ i と受信アンテナ j に用いるアンテナ番号の組合せを $(i, j) = (1, 2), (2, 3), (3, 1)$ として，$|S_{ii}|, |S_{jj}|, |S_{ji}|$〔dB〕，および各アンテナ間の距離 L_{ij} を測定する。これらの測定値から以下の式を用いると，両アンテナの利得の合計 $A_{ij} = G_i + G_j$〔dB〕が求まる。すなわち

$$A_{ij} = 20\log_{10}\frac{4\pi L_{ij}}{\lambda_0} + |S_{ji}| + M_i + M_j = G_i + G_j \qquad (5.43)$$

より，連立方程式を解くと以下のように各アンテナの利得を求めることができ

$$G_1 = \frac{A_{12} - A_{23} + A_{31}}{2} \tag{5.44}$$

$$G_2 = \frac{A_{12} + A_{23} - A_{31}}{2} \tag{5.45}$$

$$G_3 = \frac{-A_{12} + A_{23} + A_{31}}{2} \tag{5.46}$$

3アンテナ法の場合，用いるアンテナについて直線偏波アンテナと円偏波アンテナが混在してもよい。しかし，円偏波アンテナ同士のセンスはすべて同じでなければならない。円偏波アンテナと直線偏波アンテナを対向させて $|S_{21}|$ を測定する際には，直線偏波アンテナを x 偏波，および y 偏波とし，それぞれの $|S_{21x}|$，$|S_{21y}|$ を式 (5.28) (5.7.3 項に基づく方法や，AR が十分低い場合，式 (5.22) を用いてもよい) で合成させればよい。このとき，測定される利得は円偏波アンテナとしての利得であり，単位は dBic になる。また，式 (5.28) を用いるためには，座標軸をあらかじめ定め，円偏波アンテナ側の座標軸と p の符号，およびセンスを表す符号 S_e に注意する必要がある。

引用・参考文献

1) 電子情報通信学会 編：「アンテナ工学ハンドブック」，オーム社 (2008)

2) 石井　望：「アンテナ基本測定法」，コロナ社 (2011)

3) 岩崎　俊：電磁波計測 ―ネットワークアナライザとアンテナ―，コロナ社 (2007)

4) 笹森崇行：「ネットワークアナライザを利用したアンテナ測定の基礎と応用」，アンテナ・伝搬における設計・解析手法ワークショップ（第 54 回，55 回）(2016)

5) T. Sasamori and T. Fukasawa: "S-parameter Method and Its Application for Antenna Measurements", *IEICE Trans. on Communications*, Vol.E97–B, 10, pp.2011–2021 (2014)

6) W.L. Stutzman: "Polarization in Electromagnetic Systems", Artech House (1992)

196   5. 円偏波アンテナの測定

7) T. Fukusako and L. Shafai: "Design of broadband circularly polarized horn antenna using an L-shaped probe", *Proc. 2006 IEEE AP–S/URSI International Symposium*, pp.3161–3164, Albuquerque, U.S.A. (2006)

8) T.A. Milligan: "Modern Antenna Design", 2nd Ed., John Wiley & Sons (2005)

9) L. Clayton and S. Hollis: "Antenna Polarization Analysis by Amplitude Measurement of Multimple Components", *Microwave Journal*, Vol.8, pp.35–41 (1965)

付　　　　録

A.1　偏波パラメータの導出

本節では，図 **A.1** のような一般的な楕円偏波の表現のためのパラメータを与える式の導出過程を示す。

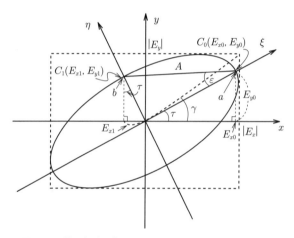

図 **A.1**　楕円偏波の各パラメータ，および長軸および短軸

A.1.1　楕円偏波を表す関数の導出

一般的な楕円偏波を表す関数 (2.3) の導出を示す。式 (2.1) より

$$E_x = |E_x|\cos\omega t \cos\delta_x - |E_x|\sin\omega t \sin\delta_x \tag{A.1}$$

式 (2.2) より

$$E_y = |E_y|\cos\omega t \cos\delta_y - |E_y|\sin\omega t \sin\delta_y \tag{A.2}$$

(A.1) × $|E_y|\cos\delta_y$ − (A.2) × $|E_x|\cos\delta_x$ より

198 付　　　　　　　録

$$|E_y|E_x\cos\delta_y - |E_x|E_y\cos\delta_x = |E_x||E_y|\sin\omega t\sin\delta \tag{A.3}$$

ここで，$\delta = \delta_y - \delta_x$ である。

また，$(A.1)\times|E_y|\sin\delta_y - (A.2)\times|E_x|\sin\delta_x$ より

$$|E_y|E_x\sin\delta_y - |E_x|E_y\sin\delta_x = |E_x||E_y|\cos\omega t\sin\delta \tag{A.4}$$

式 (A.3), (A.4) より $\sin^2\omega t + \cos^2\omega t = 1$ の関係を用いて ωt を消去し整理すると

$$\frac{E_x^2}{|E_x|^2} - 2\frac{E_x E_y}{|E_x||E_y|}\cos\delta + \frac{E_y^2}{|E_y|^2} = \sin^2\delta \tag{A.5}$$

を求めることができる。

A.1.2 ε に つ い て

偏波パラメータのうち，ε を与える式 (2.26) の導出方法を示す。図 A.1 のような一般的な楕円偏波の長軸と短軸が，たがいに直角で，x 軸および y 軸からそれぞれ τ だけ傾いた ξ 軸と η 軸に沿っていると仮定する。$a > b$（すなわち $-\pi/4 \le \varepsilon \le \pi/4$）のとき，$\xi\eta$ 面上における楕円偏波の軌跡は

$$\frac{E_\xi}{a^2} + \frac{E_\eta}{b^2} = 1 \tag{A.6}$$

で表される。このとき E_ξ 成分と E_η 成分はたがいの位相差が $90°$ になり，つぎのように与えられる。

$$E_\xi = a\cos(\omega t + \delta_\xi) \tag{A.7}$$

$$\begin{aligned}
E_\eta &= b\cos(\omega t + \delta_\eta) \\
&= b\cos\left(\omega t + \delta_\xi - \frac{\pi}{2}\right) \\
&= b\sin(\omega t + \delta_\xi)
\end{aligned} \tag{A.8}$$

ここで，E_x, E_y は，式 (2.1), (2.2) を $z = 0$ にて考えるとして

$$E_x = |E_x|\cos(\omega t + \delta_x) \tag{A.9}$$

$$E_y = |E_y|\cos(\omega t + \delta_y) \tag{A.10}$$

とする。また，E_x, E_y と E_ξ, E_η の間には以下の関係が成立する。

$$E_\xi = E_x\cos\tau - E_y\sin\tau \tag{A.11}$$

$$E_\eta = E_x\sin\tau + E_y\cos\tau \tag{A.12}$$

つぎに，式 (A.7), (A.11), (A.9), (A.10) より任意の ωt に対して成り立つ恒等式から，つぎの式が求められる。

$$|E_x| \cos\tau \cos\delta_x - |E_y| \sin\tau \cos\delta_y = a\cos\delta_\xi \tag{A.13}$$

$$|E_x| \cos\tau \sin\delta_x - |E_y| \sin\tau \sin\delta_y = a\sin\delta_\xi \tag{A.14}$$

式 (A.8), (A.12), (A.9), (A.10) より，同様につぎの式が求められる。

$$|E_x| \sin\tau \sin\delta_x + |E_y| \cos\tau \sin\delta_y = -b\cos\delta_\xi \tag{A.15}$$

$$|E_x| \sin\tau \cos\delta_x + |E_y| \cos\tau \cos\delta_y = b\sin\delta_\xi \tag{A.16}$$

(A.13) × (A.15) − (A.14) × (A.16) より

$$ab = -|E_x||E_y|\sin\delta \tag{A.17}$$

が求められる。ここで，$\delta = \delta_y - \delta_x$ である。

また，ε は ξ 軸と楕円の交点付近で定義されているため，楕円の中心を原点とするかぎり厳密な意味において

$$\tan\varepsilon = \frac{\sin\varepsilon}{\cos\varepsilon} = \mp\frac{b}{a} \qquad \left(-\frac{\pi}{4} \le \varepsilon \le \frac{\pi}{4}\right) \tag{A.18}$$

となる。よって

$$\sin 2\varepsilon = 2\sin\varepsilon\cos\varepsilon \tag{A.19}$$

$$= \mp\frac{2ab}{a^2 + b^2} \tag{A.20}$$

と考えられる。ここで，$a^2 + b^2 = |E_x|^2 + |E_y|^2$ であることから，式 (A.20), (A.17) より

$$\sin 2\varepsilon = \frac{2|E_x||E_y|\sin\delta}{|E_x|^2 + |E_y|^2} \tag{A.21}$$

が求められる。

A.1.3 τ に つ い て

楕円の長軸または短軸の傾き各 τ $(-\pi/2 < \tau < \pi/2)$ についての式を導出する。導出にあたっては，図 A.1 に示す楕円関数と ξ 軸との交点 C_0 を求め，その交点と原点間の距離 L_{x0} を τ の関数とした際に最大であることに注目する。まず，交点を $C_0(\pm E_{x0}, \pm E_{y0}) = (\pm E_{x0}, \pm E_{x0}\tan\tau)$ と定義し，式 (2.3) に $E_y = E_{x0}\tan\tau$ を代入すると

$$E_{x0} = \pm \sqrt{\frac{|E_x|^2 |E_y|^2 \sin^2 \delta}{|E_x|^2 \tan^2 \tau - 2|E_x||E_y| \tan \tau \cos \delta + |E_y|^2}} \tag{A.22}$$

が得られる。交点と原点間の距離 L_{x0} は

$$L_{x0} = \sqrt{(1 + \tan^2 \tau) E_{x0}^2} = \frac{1}{\cos \tau} E_{x0} \tag{A.23}$$

であるため，これが τ の変化に対して最大となる。よって，式 (A.22), (A.23) より

$$\frac{\partial L_{x0}^2}{\partial \tau} = 0 \tag{A.24}$$

から

$$\tan 2\tau = \frac{2|E_x||E_y| \cos \delta}{|E_x|^2 - |E_y|^2} \tag{A.25}$$

を求めることができる。

A.1.4 AR について

軸比 AR (>0) を求める式について導出する。楕円偏波と ξ 軸との交点 $C_0(\pm E_{x0}, \pm E_{y0})$，および η 軸との交点 $C_1(\pm E_{x1}, \pm E_{y1})$ を定める。ここで，ξ 軸に関しては楕円と $E_y = E_x \tan \tau$ との交点から

$$E_{x0}^2 = \frac{|E_x|^2 |E_y|^2 \sin^2 \delta}{|E_x|^2 \tan^2 \tau - 2|E_x||E_y| \tan \tau \cos \delta + |E_y|^2} \tag{A.26}$$

$$= \frac{a^2 b^2}{|E_x|^2 \tan^2 \tau - 2|E_x||E_y| \tan \tau \cos \delta + |E_y|^2} \tag{A.27}$$

が求められ，η 軸に関しては楕円と $E_y = -E_x / \tan \tau$ との交点から

$$E_{x1}^2 = \frac{|E_x|^2 |E_y|^2 \sin^2 \delta \tan^2 \tau}{|E_x|^2 + 2|E_x||E_y| \tan \tau \cos \delta + |E_y|^2 \tan^2 \tau} \tag{A.28}$$

$$= \frac{a^2 b^2 \tan^2 \tau}{|E_x|^2 + 2|E_x||E_y| \tan \tau \cos \delta + |E_y|^2 \tan^2 \tau} \tag{A.29}$$

が求められる。ただし，式 (A.17) を用いて式を書き直している。

また，各交点 C_0 および C_1 から x 軸に垂線を下ろしてできる二つの直角三角形から ξ 軸に関して

$$E_{x0} = a \cos \tau \tag{A.30}$$

であり，η 軸に関して

$$E_{x1} = b \sin \tau \tag{A.31}$$

であることがわかる。よって，これらと式 (A.27), (A.29) から

$$a^2 = |E_x|^2 \cos^2 \tau + |E_x||E_y| \sin 2\tau \cos \delta + |E_y|^2 \sin^2 \tau \tag{A.32}$$

$$b^2 = |E_x|^2 \sin^2 \tau - |E_x||E_y| \sin 2\tau \cos \delta + |E_y|^2 \cos^2 \tau \tag{A.33}$$

が求められる。よって軸比 AR（> 0）は

$$AR = \frac{a}{b} \tag{A.34}$$

$$= \sqrt{\frac{|E_x|^2 \cos^2 \tau + |E_x||E_y| \sin 2\tau \cos \delta + |E_y|^2 \sin^2 \tau}{|E_x|^2 \sin^2 \tau - |E_x||E_y| \sin 2\tau \cos \delta + |E_y|^2 \cos^2 \tau}} \tag{A.35}$$

で求められる。ここで τ は式 (A.25) から求められる。

A.1.5　ストークスパラメータ S_1, S_2, S_3 について

2.6 節で説明したストークスパラメータのうち，まず S_2, S_3 を $|E_x|, |E_y|, \delta$ で表す式の導出について説明する。$45°$ と $135°$ の直線偏波 E_{45}, E_{135} に関する S_2 はそれぞれつぎのように求められる。

$$|E_{45}|^2 = \left(\frac{|E_x|}{\sqrt{2}} e^{-j\delta_x} + \frac{|E_y|}{\sqrt{2}} e^{-j\delta_y} \right) \left(\frac{|E_x|}{\sqrt{2}} e^{j\delta_x} + \frac{|E_y|}{\sqrt{2}} e^{j\delta_y} \right)$$

$$= \frac{1}{2}(|E_x|^2 + |E_x||E_y|e^{j\delta} + |E_x||E_y|e^{-j\delta} + |E_y|^2)$$

$$|E_{135}|^2 = \left(\frac{|E_x|}{\sqrt{2}} e^{-j\delta_x} - \frac{|E_y|}{\sqrt{2}} e^{-j\delta_y} \right) \left(\frac{|E_x|}{\sqrt{2}} e^{j\delta_x} - \frac{|E_y|}{\sqrt{2}} e^{j\delta_y} \right)$$

$$= \frac{1}{2}(|E_x|^2 - |E_x||E_y|e^{j\delta} - |E_x||E_y|e^{-j\delta} + |E_y|^2)$$

よって

$$S_2 = |E_{45}|^2 - |E_{135}|^2$$

$$= \frac{1}{2}(2|E_x||E_y|e^{j\delta} + 2|E_x||E_y|e^{-j\delta})$$

$$= 2|E_x||E_y| \cos \delta \tag{A.36}$$

円偏波 E_L, E_R に関する S_3 はつぎのように求められる。

$$|E_L|^2 = \left(\frac{|E_x|}{\sqrt{2}} e^{-j\delta_x} + \frac{|E_y|}{\sqrt{2}} e^{-j(\delta_y - \pi/2)} \right) \left(\frac{|E_x|}{\sqrt{2}} e^{j\delta_x} + \frac{|E_y|}{\sqrt{2}} e^{j(\delta_y - \pi/2)} \right)$$

$$= \frac{1}{2}(|E_x|^2 - j|E_x||E_y|e^{j\delta} + j|E_x||E_y|e^{-j\delta} + |E_y|^2)$$

$$|E_R|^2 = \left(\frac{|E_x|}{\sqrt{2}} e^{-j\delta_x} - \frac{|E_y|}{\sqrt{2}} e^{-j(\delta_y + \pi/2)} \right) \left(\frac{|E_x|}{\sqrt{2}} e^{j\delta_x} - \frac{|E_y|}{\sqrt{2}} e^{j(\delta_y + \pi/2)} \right)$$

$$= \frac{1}{2}(|E_x|^2 + j|E_x||E_y|e^{j\delta} - j|E_x||E_y|e^{-j\delta} + |E_y|^2)$$

よって

$$
\begin{aligned}
S_3 &= |E_L|^2 - |E_R|^2 \\
&= -\frac{1}{2}(2j|E_x||E_y|e^{j\delta} - 2j|E_x||E_y|e^{-j\delta}) \\
&= 2|E_x||E_y|\sin\delta
\end{aligned}
\tag{A.37}
$$

つぎに, S_1, S_2 を幾何パラメータ ε, τ を用いて表現する式を導出する. 式 (2.26), (2.23) より

$$S_3 = S_0 \sin 2\varepsilon \tag{A.38}$$

であり, 式 (2.27), (2.21) より

$$S_2 = S_1 \tan 2\tau \tag{A.39}$$

である。式 (A.38), (A.39) を式 (2.20) へ代入して

$$S_1 = A^2 \cos 2\varepsilon \cos 2\tau \tag{A.40}$$

を得る。さらに式 (A.40) を式 (A.39) に代入して

$$S_2 = A^2 \cos 2\varepsilon \sin 2\tau \tag{A.41}$$

を得ることができる。

A.2 方形パッチアンテナの設計について

　正方形の形状をしたパッチアンテナの設計方法について述べる。設計方法の詳しい根拠は関連する文献などに譲るとして，ここではいくつかの設計公式を用いながら，具体的な手順について述べる。

　図 4.11 に方形パッチアンテナの放射素子を示している。その大きさは図のように W と L で示されている。パッチアンテナと地板との間に電界が生じるが，特にパッチの端においては，電界が完全にパッチおよび地板に垂直ではなく，曲線を描くように存在するため，パッチの端から若干はみ出す。この現象を**エッジ効果**と呼んだりするが，結果的に L の長さが ΔL だけ延長されることになる。これを考慮すると，共振周波数が f_r（TM_{10} モード）となるパッチアンテナの長さ L は次式で求められる。

$$L = \frac{c}{2f_r\sqrt{\varepsilon_r}} - 2\Delta L \tag{A.42}$$

ここで，ΔL は次式の設計公式が知られている[1]〜[3]。

$$\Delta L = 0.412h\frac{(\varepsilon_{reff} + 0.3)(W/h + 0.264)}{(\varepsilon_{reff} - 0.258)(W/h + 0.8)} \tag{A.43}$$

ここで

$$\varepsilon_{reff} = \frac{\varepsilon_r + 1}{2} + \frac{\varepsilon_r - 1}{2}(1 + 10h/W)^{-\alpha\beta} \tag{A.44}$$

$$\alpha = 1 + \frac{1}{49}\log\frac{(W/h)^4 + \{W/(52h)\}^2}{(W/h)^4 + 0.432} \tag{A.45}$$

$$+ \frac{1}{18.7}\log\left\{1 + \left(\frac{W}{18.1h}\right)^3\right\} \tag{A.46}$$

$$\beta = 0.564\left(\frac{\varepsilon_{reff} - 0.9}{\varepsilon_{reff} + 3}\right)^{0.053} \tag{A.47}$$

$$\Delta L = \frac{h\zeta_1\zeta_3\zeta_5}{\zeta_4} \tag{A.48}$$

$$\zeta_1 = 0.434\,907\frac{\varepsilon_{re}^{0.81} + 0.26}{\varepsilon_{re}^{0.81} - 0.189} \cdot \frac{(W/h)^{0.854\,4} + 0.236}{(W/h)^{0.854\,4} + 0.87} \tag{A.49}$$

$$\zeta_2 = 1 + \frac{(W/h)^{0.371}}{2.358\varepsilon + 1} \tag{A.50}$$

$$\zeta_3 = 1 + \frac{0.527\,4\tan^{-1}\{0.084(W/h)^{1.941\,3/\zeta_2}\}}{\varepsilon_{re}^{0.923\,6}} \tag{A.51}$$

$$\zeta_4 = 1 + 0.037\,7[6 - 5\exp\{0.036(1 - \varepsilon_r)\}]\tan^{-1}\{0.067(W/h)^{1.456}\} \tag{A.52}$$

$$\zeta_5 = 1 - 0.218\exp(-7.5W/h). \tag{A.53}$$

つぎに入力インピーダンス整合のため，給電場所 x_f を求める設計公式について紹介する。パッチのエッジ上に入力インピーダンスを設けた場合，その実部 R_r は 200〜400 Ω にも及ぶため，よく使用される 50 Ω 系の給電回路とは整合をとる必要がある。整合をとるためには，給電部の場所 x_f を検討することになる。R_r は

$$R_r = \frac{1}{2(G_s + G_m)} \tag{A.54}$$

$$G_s = \begin{cases} \dfrac{W^2}{90\lambda_0^2} & (W < 0.35\lambda_0) \\[3mm] \dfrac{W^2}{120\lambda_0} - \dfrac{1}{60\pi^2} & (0.35\lambda_0 \leq W \leq 2\lambda_0) \\[3mm] \dfrac{W^2}{120\lambda_0} & (W > 2\lambda_0) \end{cases} \tag{A.55}$$

$$G_m = G_s \left\{ J_0(l) + \frac{s^2}{24 - s^2} J_2(l) \right\} \tag{A.56}$$

$$l = \frac{2\pi}{\lambda_0}(L + \Delta L) \tag{A.57}$$

$$s = \frac{2\pi}{\lambda_0}\Delta L \tag{A.58}$$

で求められる。よって，R_{in} はつぎの式で求められる。

$$R_{in} = R_r \sin^2 \frac{\pi}{L} x_f \tag{A.59}$$

また，TM_{mn} モードの共振周波数は，キャビティモデルより以下の式で求められる[3]。

$$f_{rmm} = \frac{c}{2\sqrt{\varepsilon_{reff}}} \sqrt{\left\{ \frac{m}{L + 2\Delta L(W)} \right\}^2 + \left\{ \frac{n}{W + 2\Delta W(L)} \right\}^2} \tag{A.60}$$

ここで，ΔW については，ΔL の式において L と W を入れ替えればよい。最後に，方形パッチアンテナの放射 Q 値である Q_r は以下の式で求められる[4],[5]。

$$Q_r = \frac{3}{16} \frac{\varepsilon_r}{pc_1} \frac{L_e}{W_e} \frac{\lambda_0}{h} \tag{A.61}$$

ここで

$$W_e = W + \frac{2(h \cdot \ln 4)}{\pi} \tag{A.62}$$

$$c_1 = \frac{1}{\varepsilon_r} + \frac{0.4}{\varepsilon^2} \tag{A.63}$$

$$p = 1 + \frac{a_2 W_{ke}^2}{10} \frac{3 W_{ke}^4}{560}(a_2^2 + 2a_4) + \frac{c_2 L_{ke}^2}{5} + \frac{a_2 c_2 L_{ke}^2 W_{ke}^2}{70} \tag{A.64}$$

$$L_{ke} = k_0 L_e, \qquad W_{ke} = k_0 W_e, \qquad k_0 = \frac{2\pi f}{c} \tag{A.65}$$

$$a_2 = -0.166\,05, \qquad a_4 = 0.007\,61, \qquad c_2 = -0.091\,415\,3 \tag{A.66}$$

さらに，表面波に関する Q 値である Q_{sw} はつぎから求められる。

$$Q_{sw} = \frac{Q_r e_r^{hed}}{1 - e_r^{hed}}, \qquad e_r^{hed} = \frac{P_r^{hed}}{P_r^{hed} + P_{sw}^{hed}} \tag{A.67}$$

$$P_r^{hed} = 320\pi^4 h^2 c_1 \lambda_0^4 \tag{A.68}$$

$$P_{sw}^{hed} = 15k_0^2 \frac{\varepsilon_r (x_0^2 - 1)^{3/2}}{\varepsilon_r (1 + x_1) + k_0 h(1 + \varepsilon_r^2 x_1)\sqrt{x_0^2 - 1}} \tag{A.69}$$

$$x_0 = 1 + \frac{-\varepsilon_r^2 + \alpha_0\alpha_1 + \varepsilon_r\sqrt{\varepsilon_r^2 - 2\alpha_0\alpha_1 + \alpha_0^2}}{\varepsilon_r^2 - \alpha_1^2} \tag{A.70}$$

$$x_1 = \frac{x_0^2 - 1}{\varepsilon_r - x_0^2} \tag{A.71}$$

$$\alpha = s\tan(k_0 hs), \qquad \alpha_1 = -\frac{1}{s}\left\{\tan(k_0 hs) + \frac{k_0 hs}{\cos^2(k_0 hs)}\right\} \tag{A.72}$$

$$s = \sqrt{\varepsilon_r - 1} \tag{A.73}$$

A.3 円形パッチアンテナの設計について

半径が a の円形パッチアンテナにおいては，パッチの端を給電部とした場合の入力抵抗 R_r は次式でほぼ求められる[5]。

$$R_r \sim \frac{\lambda_0^2 \eta_0}{\pi^3 a^2}\left\{\frac{4}{3} - \frac{8}{15}\left(\frac{2\pi a}{\lambda_0}\right)^2 + \frac{11}{105}\left(\frac{2\pi a}{\lambda_0}\right)^4\right\}^{-1} \tag{A.74}$$

パッチの中心から半径方向に x_f の距離に給電点を設けた場合の入力抵抗 R_{in} は，つぎのとおりで与えられる。

$$R_{in} = R_r \frac{J_1^2(\chi'_{11} x_f/a)}{J_1^2(\chi'_{11})} \qquad (\chi'_{11} = 1.841) \tag{A.75}$$

また，円形パッチアンテナにおける TM_{mn} モードの共振周波数は以下の式で求められる[5],[6]。

$$f_{rmn} = \frac{\chi'_{mn} c}{2\pi a\sqrt{\varepsilon_r}} \tag{A.76}$$

ここで，$\chi'_{mn} = ka$ は，第一種ベッセル関数 $J_m(ka)$ に関して，$J'_m(ka) = 0$ の n 番目の解であり，**表 A.1** に示す。

つぎに，放射 Q 値 Q_r であるが，つぎの近似式で求められる[5]。

$$Q_r \simeq \frac{30\lambda_0^2 h}{f\mu_0 \pi^2 a}\left\{\frac{4}{3} - \frac{8}{15}\left(\frac{2\pi a}{\lambda_0}\right)^2 + \frac{11}{105}\left(\frac{2\pi a}{\lambda_0}\right)^4\right\}^{-1} \tag{A.77}$$

また，Q_{sw} は，式 (A.67) で求めてよい。

表 A.1 $J'_m(ka) = 0$ の解：χ'_{mn}

n \ m	0	1	2
1	3.832	1.841	3.054
2	7.016	5.331	6.706

引用・参考文献

1) E.O. Hammerstad: "Equations for Microstrip Circuit Design", *5th European Microwave Conf.*, pp.268–272 (1975)

2) M.R. Kirschning, R.H. Jansen and N.H.L. Koster: "Accurate Model for Open End Effect of Microstrip Lines", *Electron. Lett.*, Vol.17, pp.123–125 (1981)

3) Z.N. Chen and M.Y.W. Chia: "Broadband Planar Antennas", Wiley (2005)

4) H.F. Lee and W. Chen eds.: "Advances in Microstrip and Printed Antennas", John Wiley & Sons, New York, USA (1997)

5) 山本　学：「プリントアンテナの基礎と設計」，アンテナ・伝搬における設計・解析手法ワークショップテキスト（第 44 回），電子情報通信学会アンテナ・伝播研究専門委員会主催 (2012)

6) 羽石　操，平澤一紘，鈴木康夫：「小形・平面アンテナ」，電子情報通信学会 編，コロナ社 (1996)

索　引

【あ】

アクティブ領域　87
アルキメデススパイラル　85

【い】

位相定数　3
インピーダンス不整合　28

【う】

ウィルキンソン分配器　93
右旋円偏波　37

【え】

エッジ効果　202
円形導波管　20
円偏波　36

【か】

開口効率　31
開放スタブ　6
隔　壁　111
傾き角　40

【き】

幾何学パラメータ　41
寄生短絡素子　157
共平面給電法　95

【く】

クランク線路アレーアン
　テナ　118
クロスダイポール　92

【け】

減衰定数　3

【こ】

高インピーダンス表面　135
交差偏波識別度　47
コニカルホーンアンテナ　20

【さ】

左旋円偏波　37

【し】

シーケンシャルアレー　113
軸　比　40
軸モード　63
指向性利得　32, 79
自己補対構造　82
実効面積　30
遮断周波数　19
縮　退　19
縮退分離法　99
受信断面積　30
準静電界　10
人工磁気導体　136
人工地板構造　152
進行波アンテナ　62

【す】

スタブ　6
ストークスベクトル　43
スパイラルアンテナ　81
スパイラル曲線　83
スピンリニア法　174

スルーホール　136
スロットアンテナ　16
スロットダイポールアレー
　アンテナ　119

【せ】

絶対利得　32
摂動励振　98
セプタム　111
センス　37
全電力　186
全利得　187

【そ】

損失係数　28

【た】

ダイポールアンテナ　14
楕円偏波　36
楕円率角　40
短絡スタブ　6

【ち】

チェーンアレーアンテナ
　118
直線偏波　36

【て】

低姿勢アンテナ　155
テストアンテナ　169
電信方程式　3
伝送線路理論　2
伝搬定数　3

索引

【と】

等角スパイラル	84
動作利得	32
導波管	17
等方性アンテナ	32
特性インピーダンス	4

【ぬ】

ヌル間のビーム幅	79

【の】

ノーマルモード	63

【は】

バズーカバラン	162
パッチアンテナ	22, 95
波　面	36
反射係数	5
ハンセン・ウッドヤードの放射条件	76
バンド理論	86

【ひ】

ビ　ア	136
ビーム半値幅	79
比較法	191
微小磁気ダイポール	11
微小ダイポールアンテナ	14

微小電気ダイポール	8
微小電流ループ	11
ピラミッド型ホーンアンテナ	20

【ふ】

フリスの公式	34
ブリュースター角	55
分布定数線路	2

【へ】

ベクトル実効長	28
ベクトルネットワークアナライザ	191
ヘリカルアンテナ	63
ヘリンボンアレーアンテナ	118
偏　波	36
偏波整合度	29
偏波損失	36
偏波変換器	110

【ほ】

ポアンカレ球	45
方形導波管	17
方形ループアレーアンテナ	118
放射界	10
放射効率	27

放射抵抗	27
放射電力	26
放射リング理論	86
ホーンアンテナ	20
ポラライザ	110

【ま】

マイクロストリップ線路	21
マイクロストリップ線路アレーアンテナ	118
マクスウェル方程式	6

【む】

無指向性円偏波アンテナ	160

【め】

メタ表面	135
メタマテリアル	150

【ゆ】

誘導界	10

【ら】

ランパート線路アレーアンテナ	118

【り】

リターンロス	5
利　得	32

【A】

AGS	152
AMC	136
AR	40
AR 特性	78
AR パターン	174
AUT	169

【C】

CP	36

【D】

DBS	133

【E】

EP	36
E 面	20

【F】

FSS	136

【G】

GNSS	133

【H】

HIS	135
H 面	20
H 面ホーンアンテナ	20

【J】

Jones ベクトル	42

索　　　　　引　　209

【L】

LHCP	37
LP	36

【M】

m1 モード	87
m2 モード	88
m3 モード	88

【P】

PQHA	130

【Q】

QHA	129
Q 値	105

【R】

RFID	133
RHCP	37

【T】

TE モード	17
TM モード	19

【V】

VNA	191

【X】

XPD	47

【数字】

1 点給電法	62
2 アンテナ法	194
2 点給電法	62
3 アンテナ法	195
4 点給電法	126
6 パラメータ法	182
90° ハイブリッド	93

―― 著者略歴 ――

1992年	京都工芸繊維大学工芸学部電気工学科卒業
1997年	京都工芸繊維大学大学院博士後期課程修了（情報・生産科学専攻）
	博士（工学）
1997年	熊本大学助手
2003年	熊本大学助教授
2005年	マニトバ大学（カナダ）客員研究員（兼任）
〜06年	
2007年	熊本大学准教授
2015年	香港城市大学客員准教授（兼任）
2016年	熊本大学教授
	現在に至る

円偏波アンテナの基礎
Fundamentals of Circularly Polarized Antennas　　　ⓒ Takeshi Fukusako 2018

2018 年 10 月 3 日　初版第 1 刷発行

	著　者	福　迫　　　武
検印省略	発行者	株式会社　コロナ社
		代表者　牛来真也
	印刷所	三美印刷株式会社
	製本所	有限会社　愛千製本所

112-0011　東京都文京区千石 4-46-10
発行所　株式会社　コロナ社
CORONA PUBLISHING CO., LTD.
Tokyo Japan
振替 00140-8-14844・電話(03)3941-3131(代)
ホームページ　http://www.coronasha.co.jp

ISBN 978-4-339-00914-9　C3055　Printed in Japan　　　（金）

〈出版者著作権管理機構 委託出版物〉
本書の無断複製は著作権法上での例外を除き禁じられています。複製される場合は，そのつど事前に，
出版者著作権管理機構（電話 03-3513-6969，FAX 03-3513-6979，e-mail: info@jcopy.or.jp）の許諾を
得てください。

本書のコピー，スキャン，デジタル化等の無断複製・転載は著作権法上での例外を除き禁じられています。
購入者以外の第三者による本書の電子データ化及び電子書籍化は，いかなる場合も認めていません。
落丁・乱丁はお取替えいたします。

大学講義シリーズ

(各巻A5判，欠番は品切です)

配本順		著者	頁	本体
（2回）	通信網・交換工学	雁部 穎 一著	274	3000円
（3回）	伝 送 回 路	古賀利郎著	216	2500円
（4回）	基礎システム理論	古田・佐野共著	206	2500円
（7回）	音 響 振 動 工 学	西山静男他著	270	2600円
（10回）	基礎電子物性工学	川辺和夫他著	264	2500円
（11回）	電 磁 気 学	岡本允夫著	384	3800円
（12回）	高 電 圧 工 学	升谷・中田共著	192	2200円
（14回）	電 波 伝 送 工 学	安達・米山共著	304	3200円
（15回）	数 値 解 析（1）	有本 卓著	234	2800円
（16回）	電 子 工 学 概 論	奥田孝美著	224	2700円
（17回）	基 礎 電 気 回 路（1）	羽鳥孝三著	216	2500円
（18回）	電 力 伝 送 工 学	木下仁志他著	318	3400円
（19回）	基 礎 電 気 回 路（2）	羽鳥孝三著	292	3000円
（20回）	基 礎 電 子 回 路	原田耕介他著	260	2700円
（22回）	原 子 工 学 概 論	都甲・岡共著	168	2200円
（23回）	基礎ディジタル制御	美多 勉他著	216	2400円
（24回）	新 電 磁 気 計 測	大照 完他著	210	2500円
（26回）	電子デバイス工学	藤井忠邦著	274	3200円
（28回）	半導体デバイス工学	石原 宏著	264	2800円
（29回）	量 子 力 学 概 論	権藤靖夫著	164	2000円
（30回）	光・量子エレクトロニクス	藤岡・小原 斉藤共著	180	2200円
（31回）	ディ ジ タ ル 回 路	高橋 寛他著	178	2300円
（32回）	改訂 回 路 理 論（1）	石井順也著	200	2500円
（33回）	改訂 回 路 理 論（2）	石井順也著	210	2700円
（34回）	制 御 工 学	森 泰親著	234	2800円
（35回）	新版 集積回路工学（1） ―プロセス・デバイス技術編―	永田・柳井共著	270	3200円
（36回）	新版 集積回路工学（2） ―回路技術編―	永田・柳井共著	300	3500円

以 下 続 刊

電 気 機 器 学	中西・正田・村上共著	電 気・電 子 材 料	水谷 照吉他著
半 導 体 物 性 工 学	長谷川英機他著	情報システム理論	長谷川・高橋・笠原共著
数 値 解 析（2）	有本 卓著	現代システム理論	神山 真一著

定価は本体価格+税です。
定価は変更されることがありますのでご了承下さい。

図書目録進呈◆

電子情報通信レクチャーシリーズ

■電子情報通信学会編　　　（各巻B5判）

共　通

	配本順		著者	頁	本　体
A-1	（第30回）	電子情報通信と産業	西村吉雄著	272	4700円
A-2	（第14回）	電子情報通信技術史	「技術と歴史」研究会編	276	4700円
		—おもに日本を中心としたマイルストーン—			
A-3	（第26回）	情報社会・セキュリティ・倫理	辻井重男著	172	3000円
A-4		メディアと人間	原島　博／北川高嗣共著		
A-5	（第6回）	情報リテラシーとプレゼンテーション	青木由直著	216	3400円
A-6	（第29回）	コンピュータの基礎	村岡洋一著	160	2800円
A-7	（第19回）	情報通信ネットワーク	水澤純一著	192	3000円
A-8		マイクロエレクトロニクス	亀山充隆著		
A-9		電子物性とデバイス	益川一哉／天川修平共著		

基　礎

	配本順		著者	頁	本　体
B-1		電気電子基礎数学	大石進一著		
B-2		基礎電気回路	篠田庄司著		
B-3		信号とシステム	荒川薫著		
B-5	（第33回）	論理回路	安浦寛人著	140	2400円
B-6	（第9回）	オートマトン・言語と計算理論	岩間一雄著	186	3000円
B-7		コンピュータプログラミング	富樫敦著		
B-8	（第35回）	データ構造とアルゴリズム	岩沼宏治他著	208	3300円
B-9		ネットワーク工学	仙田正和／石村裕介／中野敬介共著		
B-10	（第1回）	電磁気学	後藤尚久著	186	2900円
B-11	（第20回）	基礎電子物性工学	阿部正紀著	154	2700円
		—量子力学の基本と応用—			
B-12	（第4回）	波動解析基礎	小柴正則著	162	2600円
B-13	（第2回）	電磁気計測	岩﨑俊著	182	2900円

基　盤

	配本順		著者	頁	本　体
C-1	（第13回）	情報・符号・暗号の理論	今井秀樹著	220	3500円
C-2		ディジタル信号処理	西原明法著		
C-3	（第25回）	電子回路	関根慶太郎著	190	3300円
C-4	（第21回）	数理計画法	山下信雄／福島雅夫共著	192	3000円
C-5		通信システム工学	三木哲也著		
C-6	（第17回）	インターネット工学	後藤滋樹／外山勝保共著	162	2800円
C-7	（第3回）	画像・メディア工学	吹抜敬彦著	182	2900円

	配本順					頁	本体
C-8	(第32回)	音声・言語処理	広瀬 啓吉 著			140	2400円
C-9	(第11回)	コンピュータアーキテクチャ	坂井 修一 著			158	2700円
C-10		オペレーティングシステム					
C-11		ソフトウェア基礎	外山 芳人 著				
C-12		データベース					
C-13	(第31回)	集積回路設計	浅田 邦博 著			208	3600円
C-14	(第27回)	電子デバイス	和保 孝夫 著			198	3200円
C-15	(第8回)	光・電磁波工学	鹿子嶋 憲一 著			200	3300円
C-16	(第28回)	電子物性工学	奥村 次徳 著			160	2800円

展開

	配本順					頁	本体
D-1		量子情報工学	山崎 浩一 著				
D-2		複雑性科学					
D-3	(第22回)	非線形理論	香田 徹 著			208	3600円
D-4		ソフトコンピューティング					
D-5	(第23回)	モバイルコミュニケーション	中川 正雄 / 大槻 知明 共著			176	3000円
D-6		モバイルコンピューティング					
D-7		データ圧縮	谷本 正幸 著				
D-8	(第12回)	現代暗号の基礎数理	黒澤 馨 / 尾形 わかは 共著			198	3100円
D-10		ヒューマンインタフェース					
D-11	(第18回)	結像光学の基礎	本田 捷夫 著			174	3000円
D-12		コンピュータグラフィックス					
D-13		自然言語処理	松本 裕治 著				
D-14	(第5回)	並列分散処理	谷口 秀夫 著			148	2300円
D-15		電波システム工学	唐沢 好男 / 藤井 威生 共著				
D-16		電磁環境工学	徳田 正満 著				
D-17	(第16回)	VLSI工学 ―基礎・設計編―	岩田 穆 著			182	3100円
D-18	(第10回)	超高速エレクトロニクス	中村 徹 / 三島 友義 共著			158	2600円
D-19		量子効果エレクトロニクス	荒川 泰彦 著				
D-20		先端光エレクトロニクス					
D-21		先端マイクロエレクトロニクス					
D-22		ゲノム情報処理	高木 利久 / 小池 麻子 編著				
D-23	(第24回)	バイオ情報学 ―パーソナルゲノム解析から生体シミュレーションまで―	小長谷 明彦 著			172	3000円
D-24	(第7回)	脳工学	武田 常広 著			240	3800円
D-25	(第34回)	福祉工学の基礎	伊福部 達 著			236	4100円
D-26		医用工学					
D-27	(第15回)	VLSI工学 ―製造プロセス編―	角南 英夫 著			204	3300円

定価は本体価格+税です。

定価は変更されることがありますのでご了承下さい。

図書目録進呈◆

電気・電子系教科書シリーズ

(各巻A5判)

■編集委員長 高橋 寛
■幹 事 湯田幸八
■編集委員 江間 敏・竹下鉄夫・多田泰芳
　　　　　中澤達夫・西山明彦

配本順		書名	著者	頁	本体
1.	(16回)	電 気 基 礎	柴田・皆藤・田多 共著	252	3000円
2.	(14回)	電 磁 気 学	多田・柴田 共著	304	3600円
3.	(21回)	電 気 回 路 Ⅰ	柴田 著	248	3000円
4.	(3回)	電 気 回 路 Ⅱ	遠藤・鈴木 共編著	208	2600円
5.	(27回)	電気・電子計測工学	吉澤・降矢・福田・高西・下 共著	222	2800円
6.	(8回)	制 御 工 学	奥・青木・西堀 共著	216	2600円
7.	(18回)	ディジタル制御	青西 俊 共著	202	2500円
8.	(25回)	ロ ボ ッ ト 工 学	白水 俊次 著	240	3000円
9.	(1回)	電 子 工 学 基 礎	中澤・藤原 共著	174	2200円
10.	(6回)	半 導 体 工 学	渡辺 英夫 著	160	2000円
11.	(15回)	電気・電子材料	中澤・押田・森山・服部 共著	208	2500円
12.	(13回)	電 子 回 路	須田・土田 共著	238	2800円
13.	(2回)	ディジタル回路	伊原・若海・吉澤 共著	240	2800円
14.	(11回)	情報リテラシー入門	室山 共著	176	2200円
15.	(19回)	C++プログラミング入門	湯田幸八 著	256	2800円
16.	(22回)	マイクロコンピュータ制御 プログラミング入門	柚賀・千代谷 共著	244	3000円
17.	(17回)	計算機システム(改訂版)	春日・舘泉 共著	240	2800円
18.	(10回)	アルゴリズムとデータ構造	伊藤・湯田・原 共著	252	3000円
19.	(7回)	電 気 機 器 工 学	前田・新谷 共著	222	2700円
20.	(9回)	パワーエレクトロニクス	江間・高橋 共著	202	2500円
21.	(28回)	電 力 工 学(改訂版)	江甲・三吉 共著	296	3000円
22.	(5回)	情 報 理 論	三木・吉竹 共著	216	2600円
23.	(26回)	通 信 工 学	吉川・田下 共著	198	2500円
24.	(24回)	電 波 工 学	松田・宮部 共著	238	2800円
25.	(23回)	情報通信システム(改訂版)	岡・桑原 共著	206	2500円
26.	(20回)	高 電 圧 工 学	植松 共著	216	2800円

定価は本体価格+税です。
定価は変更されることがありますのでご了承下さい。

図書目録進呈◆